Safran
Le rêve des abeilles.

Curcuma
La ruée vers l'or.

Pomme
de terre
Maman.

Poivre
*Gerçures
des tropiques.*

Haricots
*La faim n'est plus
dans nos moyens.*

Artichaut
Ton style.

Roquette
Fleur médiatique.

Asperges
*Les belles de
salon… à divertir.*

Courges
L'appel du beurre.

Lentilles
*Caviar du pauvre,
bien meilleur.*

Betteraves

Encre du plat pays.

Fenouil

Complication des courbes

Patates douces

La couleur de la bonté.

Poireaux

Reflet d'un ciel des Flandres sur le bouillon du dimanche.

Sardines

Grappe argentée.

Endives

Murmure de la terre d'hiver.

Riz

Nacre bleuté d'espoir.

Citron

Jet de lumière.

Aubergine

Reine d'orient, épanchement du corps.

Canneberges

Ophélie enlacée.

Épinards

Il cuit de peur.

Le bonheur de cuire

Catalogage avant publication de Bibliothèque et Archives nationales
du Québec et Bibliothèque et Archives Canada

Laloux
Le bonheur de cuire
ISBN 978-2-7644-0776-9
1. Cuisine. 2. Cuisine - Anecdotes. 3. Saveur. 4. Aliments - Odeur. I. Titre.
TX714.L34 2010   641.5   C2010-941001-7

Conseil des Arts **Canada Council**
du Canada **for the Arts**

SODEC
Québec

Nous reconnaissons l'aide financière du gouvernement du Canada par l'entre-
mise du Fonds du livre du Canada pour nos activités d'édition.

Gouvernement du Québec – Programme de crédit d'impôt pour l'édition de
livres – Gestion SODEC.

Les Éditions Québec Amérique bénéficient du programme de subvention
globale du Conseil des Arts du Canada. Elles tiennent également à remercier
la SODEC pour son appui financier.

Québec Amérique
329, rue de la Commune Ouest, 3e étage
Montréal (Québec) Canada H2Y 2E1
Téléphone : 514 499-3000, télécopieur : 514 499-3010

Dépôt légal : 4e trimestre 2010
Bibliothèque nationale du Québec
Bibliothèque nationale du Canada

Projet dirigé par : Anne-Marie Villeneuve
Révision linguistique : Diane-Monique Daviau et Chantale Landry
Photo de la page couverture : Jean-Charles Labarre
Textes et photos : Philippe Laloux
Photos et graphisme : Jean-Charles Labarre
Mise en pages : Isabelle Lépine, Mariane Cogez et Daphnée Brisson-Cardin

©2010 Éditions Québec Amérique inc.
www.quebec-amerique.com

Imprimé en Chine
10 9 8 7 6 5 4 3 2 1   13 12 11 10

Philippe Laloux

Le bonheur de cuire

QUÉBEC AMÉRIQUE

Table des matières

* Vous trouverez tous les mots accompagnés d'un astérisque dans le Glossaire, à la page 279.
** Vous trouverez toutes les recettes de base aux pages 272 à 275.

Les poissons

Les viandes

Les desserts

Les recettes de base

Introduction

Au milieu des années 1970, dans un chic resto d'Europe, le vieux chef Atillio Basso préparait ses pâtisseries l'après-midi quand la cuisine se vidait de ses marmitons pressés d'aller boire une bière au bistrot d'en face. Moi, l'air innocent, faisant semblant de m'occuper du ménage, j'essayais de lui voler ses secrets. C'était la vieille école, on se cachait pour ne pas éventer une recette. Dans le silence provisoire des fourneaux, le chef devenait un autre homme, abandonnant la stature de celui qui commande pour incarner celle de celui qui montre. Dans un calme solennel, de ses belles mains marquées par le temps, je voyais naître les chefs-d'œuvre les plus sophistiqués de la pâtisserie française. Quand la meute de cuistots était de retour pour le service du soir, le chariot de desserts était prêt. On revenait à la fureur, aux engueulades, au monde bruyant du combat quotidien qu'il nous faut livrer dans une cuisine professionnelle. C'est à ce moment que je décidai d'être pour le reste de ma vie cet apprenti, ce voleur de beauté, cet éveillé de la différence.

Comment oublier ces moments d'adolescence caressés de cette douceur paternelle, moi qui survivais dans la violence et la pauvreté des commencements, avec tout à apprendre du moindre geste, tout à bâtir du peu de sable de mes origines ? Comment vivre et cuire aujourd'hui sans avoir à l'esprit la bonté sans bruit de cet homme, ce transmetteur discret qu'aucune gloire, même éphémère, n'est venue éclairer, mais qui trouva, la lanterne de l'instinct à la main, le chemin du bonheur de cuire ?

C'est de ce bonheur que je veux parler. De cette joie de cuisiner et de partager ensuite ses découvertes, de les offrir dans un moment privilégié, intime, comme celui de la lecture d'un livre. C'est ainsi que s'est présentée l'idée de ce volume. Mettre au service de tous l'expérience d'un passionné du cuire en montrant comment cuisiner finement tout en respectant l'identité de chaque aliment. Ou encore, comment tirer le maximum des sacrifices que cet art nous impose en diminuant la charge d'une planète exsangue travaillée par des milliards d'êtres humains. Ce geste journalier devient alors un moment sacré, une œuvre d'autant plus mémorable qu'elle ne dure qu'un moment.

On garde au cœur, pour la vie entière, un goût lointain que l'on cherche plus tard comme un morceau de son histoire, un plat de famille par exemple. Ce moment fugace, que l'on retrouve les larmes aux yeux, est imprimé à jamais par ce premier éveil, cette première fois où l'on comprend le geste de celui qui donne, où on l'associe au goût. C'est le goût d'un amour, le goût d'un d'amour muet qui vient spontanément de plus loin que soi.

Ceci n'est donc pas un livre de chef. Un carnet de notes tout au plus, un recueil d'idées glanées çà et là dans un monde que je n'ai cessé d'aimer, de parcourir avec ivresse, témoignant sans relâche de ses beautés et de ses manques. Débarrassé de toutes manières, voici du vrai dans l'assiette, pour revenir à l'essentiel et nourrir le monde le mieux possible avec grâce et simplicité. Réunir le meilleur d'une saison sur votre table et, en quelques pas faciles, pénétrer dans l'antre d'une joyeuse création, la vôtre...

Le début du cuire

J'ai toujours affectionné les hors-d'œuvre. Ils sont l'annonce officielle des plaisirs. Par ces petites bouchées, nous prenons nos invités dans nos bras. Elles déclarent l'humeur du menu et invitent tout de suite les convives dans le vif du sujet. Chaudes en hiver, froides en été, ces miniatures sont parfois de véritables chefs-d'œuvre qui demandent beaucoup d'attention et de soins.

Pour sortir du sempiternel croûton tartiné, voici quelques idées de bouchées apéritives assez simples à réaliser, toujours percutantes (n'oublions pas qu'il s'agit d'une bouchée seulement, votre déclaration doit être franche) et spectaculaires. Pour ne pas gâcher la suite du repas, je recommande de ne servir qu'un ou deux hors-d'œuvre en deux exemplaires chacun, les plus gourmands auront de quoi satisfaire leur penchant, les retardataires auront une chance d'en attraper un avant de rejoindre tout le monde à table.

J'ai pris soin d'utiliser souvent un réceptacle naturel pour ces petites précieuses. Pratiques, plus légères que le pain ou la pâte feuilletée, ces cavités sont parfaites pour manger sans trop se salir les doigts et pour faire tenir une préparation sur un plateau. Les fruits de mer sont tout désignés pour cette ouverture céleste. Ils ont beaucoup d'attaque au goût, offrent parfois une coquille parfaite pour contenir quelques gouttes de sauce et sont très peu caloriques. Les légumes peuvent êtres travaillés afin de servir de support à toute sorte de fantaisie et ont l'avantage d'offrir une palette de couleurs vives. Il faut tenter de garder la légèreté à l'esprit dans cet exercice. Peu de fromage, auquel il vaut mieux réserver une place de choix dans l'évolution du repas, et pas trop de viandes.

Enfin, c'est dans les grandes fêtes que les hors-d'œuvre sont rois. On peut recevoir un très grand nombre de personnes, sans couverts, sans trop de vaisselle, sans trop chambouler l'ordre de la cuisine. Cette formule, très en vogue aujourd'hui, est directement inspirée de la tradition sud-européenne des tapas (quoique ces derniers soient souvent servis avec une petite assiette ou une large cuillère en porcelaine, ce qui peut alourdir le service). Cela vous demandera un peu de travail en préparation, il ne faut pas le cacher : chaque pièce est exécutée à la main, cela peut prendre quelques heures pour dresser un tel buffet. Mais cette formule magique permet d'être vraiment disponible aux invités et elle donne une formidable énergie à la fête. C'est ce qu'on pourrait appeler : être debout dans l'assiette !

Les hors-d'œuvre

Huîtres au Porto blanc (24 pièces)

« De l'eau de mer pour fond de sauce, du Porto pour le velours,
de l'amande pour le craquant, c'est le grand vent des départs... »

24 huîtres moyennes

65 ml (1/4 tasse) de Porto blanc

3 échalotes grises très finement hachées

60 ml (4 c. à soupe) de beurre doux à la
  température ambiante

Gros sel

Amandes effilées et grillées

Ouvrir les huîtres en prenant soin de récupérer leur
eau (que l'on passera au travers d'un très fin tamis).
Détacher délicatement la chair et réserver. Laver les
coquilles creuses en les brossant, les sécher au four
quelques minutes à 200 °C (400 °F).

Mettre l'eau de mer filtrée à réduire avec le Porto
et l'échalote, jusqu'à évaporation des trois quarts.
Il devrait rester 45 ml (3 c. à soupe) de liquide.

Ajouter les huîtres à la réduction et, au retour de
l'ébullition, incorporer le beurre petit à petit. Ne plus
faire bouillir. Placer les coquilles sur des assiettes
garnies de gros sel (afin de les stabiliser) et répartir
les huîtres en les recouvrant généreusement de
sauce. Parsemer de quelques amandes.

Les huîtres Malpèque, généralement peu salées, sont tout indiquées pour cette recette très simple, mais il faut veiller à ne pas trop les cuire. Le seul contact avec la réduction bouillante suffit à les raidir un peu. Elles continuent ensuite de cuire dans leur sauce généreuse.

Crevettes « Tapis volant » (20 pièces)

« Un tumulte d'épices »

20 crevettes sauvages

3 gousses d'ail

1 bulbe de gingembre de la grosseur d'une noix

30 ml (2 c. à soupe) d'huile d'olive

10 ml (2 c. à thé) de poudre de chili

10 ml (2 c. à thé) de paprika

Sel de mer et poivre du moulin

Hacher très finement l'ail et le gingembre. Dans un bol, réunir les crevettes décortiquées et déveinées (en tentant de conserver la queue intacte) avec tous les ingrédients. Couvrir et laisser tirer* quelques heures au réfrigérateur. Dix minutes avant de servir, porter un poêlon au grand feu et placer les crustacés de manière à les cuire une minute de chaque côté, diminuer le feu et cuire à couvert une autre minute.

Les crevettes sauvages du Mexique sont souvent vendues entières. On peut faire de délicieux fonds avec les têtes.

En entrée, ces crevettes s'accompagnent très bien d'une salade de pommes vertes agrémentée d'un peu de roquette. Un assaisonnement délicat d'huile d'olive de première qualité et de quelques gouttes de jus de citron offre un support discret à ces crustacés en colère.

Endives à la salade de crabe (30 pièces)

« Une petite cuillère naturelle pour une bouchée d'air marin »

225 g (1/2 livre) de chair de crabe des neiges

2 avocats mûrs

1 citron

15 ml (1 c. à soupe) de beurre d'arachide crémeux

65 ml (1/4 tasse) de mayonnaise

Sauce soya

Quelques gouttes d'huile de sésame

Quelques brins de persil plat

Sel et poivre

6 endives

1 tomate émondée* et découpée en fins cubes

Égoutter le crabe, puis le presser, soit avec les mains, soit au travers d'un linge en appuyant légèrement afin d'éliminer une bonne partie de l'eau sans abîmer la chair. Découper en cubes réguliers de la grosseur de 1 cm environ. Détailler les avocats en cubes de même taille et réserver* avec quelques gouttes de jus de citron.

Monter la sauce en délayant le beurre d'arachide avec quelques gouttes de jus de citron, incorporer la mayonnaise et un trait de sauce soya. Lorsque tous les éléments sont bien amalgamés, ajouter un filet d'huile de sésame afin de parfumer délicatement la sauce sans trop la colorer.

Mélanger la chair de crustacé avec les avocats et la sauce dans un grand saladier en parsemant de persil plat lavé, essoré et émietté. Assaisonner* au besoin. Au dernier moment, farcir les feuilles d'endives (qu'on aura détachées en les coupant à 10 cm de longueur) de salade de crabe. Agrémenter chaque bouchée de dés de tomate bien mûre.

Au mois de mai, les étals des poissonniers regorgent de crabe des neiges. C'est un produit remarquable qui demande un peu de patience à décortiquer. Une paire de ciseaux peut s'avérer très utile pour longer les pattes des crustacés et avoir ainsi facilement accès à la chair sans en détruire ni la couleur ni la forme.

Sardines en céviche
à la julienne de légumes (32 pièces)

« Une version rollmops de ce poisson de roche, un frisson dans la chaleur de l'été »

1 botte de jeunes carottes

2 petits poireaux

1 oignon rouge

30 ml (2 c. à soupe) d'huile d'olive extra vierge

200 ml (6,8 oz) de vin blanc sec

15 ml (1 c. à soupe) de vinaigre de vin blanc

16 petites sardines levées en filets par
le poissonnier

4 limes

Poivre noir, sel de mer

30 ml (2 c. à soupe) de coriandre effeuillée

30 ml (2 c. à soupe) de ciboulette ciselée*

1 tête d'ail

Pain baguette (pour croûtons)

Quelques cure-dents

Détailler les carottes, les poireaux et les oignons en fine julienne*, faire suer* dans un peu d'huile d'olive à feu moyennement élevé, déglacer avec le vin et le vinaigre et laisser réduire jusqu'à complète évaporation. Étendre les filets de sardines sur un linge ou papier absorbant et les placer ensuite dans un plat légèrement creux, côté peau en dessous. Mariner les filets dans le jus de lime avec le sel, le poivre, les herbes finement hachées (en prenant soin d'en réserver pour l'assaisonnement final).

Le temps de marinade varie selon les goûts. Si on aime la céviche très souple, on veillera à laisser les poissons mariner moins de 10 minutes. Si, par contre, on l'aime très «cuite», on peut s'y prendre la veille. Égoutter le poisson et enrouler délicatement chaque filet autour d'un bouquet de légumes, maintenir à l'aide de cure-dents.

Placer dans un plat de présentation qui ira au froid pour le temps désiré. Parsemer d'herbes juste au moment de servir. Passer des tranches de pain grillé sur une tête d'ail coupée en deux, pour déguster à l'ombre d'une terrasse ce plat simple où l'humble sardine trouve son expression la plus naturelle.

De plus en plus de poissonniers acceptent de lever les poissons en filets pour leur clientèle. En leur évitant cette étape difficile, les commerçants ouvrent aux consommateurs tout un répertoire de recettes. Sardines, maquereau, raie, lotte et bien d'autres espèces peuvent alors êtres cuits en un rien de temps et dégustés paisiblement sans arêtes.

Pommettes au maquereau fumé en rillettes (30 pièces)

« Le chanteur de pomme »

2 maquereaux fumés
60 ml (4 c. à soupe) de crème 35%
15 pommettes du début de saison
1 citron
60 ml (4 c. à soupe) de ciboulette ciselée*

Émietter la chair de poisson en ayant pris soin d'en enlever la peau et les arêtes. Ajouter la crème, bien mélanger à la fourchette afin d'obtenir une texture de rillettes et réserver au frais.

Couper les fruits en deux, les vider à l'aide d'une cuillère à pomme parisienne et les badigeonner immédiatement de jus de citron. Ciseler très finement la ciboulette. Confectionner de petites billes de rillettes de la taille des cavités créées dans les pommettes, les rouler dans la ciboulette et les placer dans ces petits réceptacles de fraîcheur.

Les pommettes arrivent sur le marché vers la mi-septembre et la saison est très courte. Je recommande, hors saison, d'essayer cette association sur des pommes de taille normale que l'on détaille en fines escalopes et que l'on mêle au maquereau émietté sur une belle salade croquante.

Moules à la vinaigrette de persil (30 pièces)

« Les moules au vert »

30 moules cuites (voir plus bas)

Gros sel

125 ml (1/2 tasse) de fenouil et oignon en fine duxelles*

5 ml (1 c. à thé) de vinaigre de vin blanc

Sel de mer et poivre noir du moulin

1 pincée de sucre blanc

250 ml (1 tasse) de persil plat lavé et équeuté

60 ml (4 c. à soupe) d'huile d'olive extra vierge

1 citron

1 petit piment fort

Vider et ébarber* les moules. Réserver. Nettoyer les coquilles à l'aide d'une petite brosse afin d'en éliminer tout le sable. Les essuyer et les placer dans une assiette creuse garnie de gros sel pour les maintenir à plat. Mariner la duxelles de légumes dans le vinaigre, le sel et le poivre, ainsi qu'une pincée de sucre. Ajouter le piment débarrassé de ses graines et finement haché. Réserver*.

À l'aide d'un mélangeur électrique, réaliser une vinaigrette avec le persil plat, l'huile et le jus de citron. Actionner à haute vitesse. On obtient ainsi une émulsion qui rappelle un peu le pesto. Assaisonner*. Placer dans chaque coquille une cuillère à café de cette vinaigrette, poser une moule dessus et parsemer de la duxelles de légumes.

Pour cuire les moules, voici comment faire : prendre 900 g (2 livres) de moules et bien les nettoyer afin d'éliminer toutes les parties sableuses. Dans une casserole pouvant contenir tous les coquillages, faire suer* un oignon et deux branches de céleri émincés dans une noix de beurre. Ajouter les moules, quelques branches de persil et 200 ml (6,8 oz) d'eau ou de vin blanc. Bien fermer et cuire 5 minutes à grand feu après avoir assaisonné. Toutes les moules doivent êtres ouvertes. Égoutter immédiatement et décortiquer.

Les moules de Terre-Neuve sont en général bien dodues. Il y a aussi, depuis peu sur nos marchés, des moules sauvages de Nouvelle-Zélande, vertes, très grandes et dont la cuisson doit être très courte. Leur coquille, presque transparente, offre beaucoup d'espace pour la garniture.

Croquettes de poisson aux piments et à l'estragon (30 pièces)

« Une bouchée de plage inspirée de la cuisine portugaise »

225 g (1/2 livre) de morue salée

3 grosses pommes de terre Yukon Gold

45 ml (3 c. à soupe) de beurre doux (à la température ambiante)

Quelques brins d'estragon

1 piment jalapeño

Farine

2 blancs d'œufs

Chapelure

Huile de tournesol

Dessaler la morue en eau froide durant quelques heures. Rafraîchir plusieurs fois l'eau. Cuire les pommes de terre au four enveloppées de papier d'aluminium à 200 °C (400 °F) durant 40 minutes. Lorsqu'elles sont cuites, les vider à l'aide d'une cuillère et en écraser la chair avec le beurre, l'estragon et le piment fort très finement haché et débarrassé de ses graines.

Cuire le poisson dans une casserole à moitié remplie d'eau non salée. Vérifier la cuisson, la chair doit se détacher facilement. Bien égoutter et ajouter aux pommes de terre.

Mélanger et former de petites billes. Les passer dans la farine puis dans les blancs d'œufs légèrement détendus d'un peu d'eau (panure à l'anglaise*). Rouler les billes dans la chapelure et frire rapidement dans l'huile de tournesol jusqu'à ce qu'elles prennent une jolie couleur blonde.

Ces petits délices s'accompagnent particulièrement bien d'un coulis de piments au gingembre, que l'on obtient en mêlant piments forts et doux (les quantités sont laissées à votre capacité à supporter la chaleur des piments forts), coupés en cubes de la grosseur de 1/2 cm et une quantité égale de gingembre finement haché, le tout mariné quelques jours recouvert de vinaigre blanc avec 15 ml (1 c. à soupe) de sucre. On peut servir ce condiment tel quel ou le passer au mélangeur électrique pour obtenir une purée lisse et légèrement liquide.

Tomates, pétoncles et tapenade (20 pièces)

« Un sashimi méridional »

10 petites tomates émondées*

Olives noires dénoyautées, câpres, persil frisé, en
quantités égales (125 ml ou 1/2 tasse au total)

Huile d'olive extra vierge

Un zeste de citron

5 pétoncles (noix de Saint-Jacques)

Couper les tomates en deux dans le sens de la
hauteur. Évider et réserver*. Hacher finement tous les
ingrédients de la tapenade (les câpres, les olives et le
persil), lier d'un filet d'huile d'olive et ajouter un zeste
de citron très finement haché.

Farcir généreusement les demi-tomates de cette
préparation. Escaloper les noix de pétoncles dans
l'épaisseur (2 à 3 mm) et poser chaque tranche sur
les tomates. À déguster bien frais en apéritif, mais
aussi en entrée sur des tomates de taille normale et
surtout bien mûres.

Il faut choisir des tomates dont la taille correspond
à la circonférence des noix de pétoncles si l'on veut
réussir parfaitement la présentation de cette bouchée.
Des tomates cocktail plutôt que des tomates cerises,
si vous en trouvez.

Le mot « tapenade » est utilisé ici dans le sens plus général du terme. Une vraie tapenade provençale contient, en plus des ingrédients mentionnés ci-dessus, un peu d'ail finement haché et quelques anchois dessalés. Cette préparation très courante aujourd'hui doit faire l'objet de grands soins dans sa confection et sa conservation. On doit choisir les olives les moins salées et hacher soigneusement l'ensemble des ingrédients au couteau sur une planche en bois. On veillera à ajouter un filet d'huile d'olive après chaque prélèvement de façon à « couvrir » la tapenade avant de la ranger.

Thon mariné au gingembre (30 pièces)

« Mieux qu'un tartare pour ce roi des mers »

225 g (1/2 livre) de thon rouge

65 ml (1/4 tasse) d'huile d'olive extra vierge

Fleur de sel de Guérande

Poivre noir grossièrement concassé

60 ml (4 c. à soupe) de gingembre frais
en duxelles*

30 toasts de pain baguette (croûtons)

1 morceau de gingembre de la grosseur
d'une noix

Quelques gouttes de réduction balsamique**

Émincer le thon le plus fin possible et le couvrir d'une fine couche d'huile d'olive. Assaisonner de sel et de poivre. Parsemer de gingembre. Recouvrir d'une pellicule de plastique et réserver au frais durant 24 heures. Juste avant de servir, confectionner les toasts en tranchant une baguette en croûtons réguliers que l'on fera dorer au four. Les frotter ensuite d'un morceau de gingembre coupé en deux. Placer le thon sur les croûtons juste avant de servir en badigeonnant de quelques gouttes de réduction balsamique.

Le thon rouge, aujourd'hui menacé d'extinction, peut être aisément remplacé par la bonite ou le maquereau. Il faut bien prendre conscience de la gravité de la situation en ce qui concerne les quotas de pêche de cette espèce. Ils diffèrent d'un continent à l'autre. En Europe, des mesures très sévères sont en vigueur, mais ce poisson est un grand voyageur, il est donc bien difficile d'en contrôler l'itinéraire. Une fois en dehors des eaux territoriales, il devient la proie des grands navires-usines qui l'attendent avec leurs rets impitoyables. En Amérique du Nord, le thon vendu sous le nom de blue fin, plus rouge que l'albacore européen, est encore relativement disponible et à la portée de toutes les bourses. Il vaut mieux, à mon avis, être parcimonieux avec ce produit, plutôt que de l'interdire complètement en condamnant ainsi à la mort une pêche traditionnelle qui a toujours été la meilleure gardienne de cette merveille des mers.

Agneau et semoule aux épinards (30 pièces)

« À l'orientale, précieusement habillé de vert »

225 g (1/2 livre) d'agneau finement haché

115 g (1/4 livre) de semoule de blé cuite
(couscous moyen)

Sel de mer et poivre noir

1 piment oiseau écrasé

3 ml (1/2 c. à thé) de cumin en grains

5 ml (1 c. à thé) de thym frais

1 râpée de noix de muscade

1 œuf

30 larges feuilles d'épinards

Réunir la viande et la semoule. Assaisonner de sel et de poivre, de piment écrasé, de cumin et de thym. Râper un soupçon de muscade au-dessus de cette préparation et ajouter l'œuf. Bien mélanger. Lorsque tous les éléments sont bien amalgamés, former des billes de la grosseur d'un œuf de caille.

Plonger ces billes dans une casserole à moitié remplie d'eau bouillante et légèrement salée. Cuire 5 minutes. Égoutter. Cuire les feuilles d'épinards quelques secondes à la vapeur.

Emballer chacune des bouchées d'agneau d'une feuille d'épinard et réserver jusqu'au moment de servir. Réchauffer à la vapeur quelques secondes.

Achetez plutôt des épinards frais vendus en bottes que des épinards emballés sous plastique. Vous augmentez vos chances de trouver de grandes feuilles et, de plus, elles sont nettement plus épaisses et donc plus résistantes à la chaleur.

Pommes nouvelles gratinées (30 pièces)

« Quand la belle des champs se fait bronzer »

3 pommes de terre à purée Yukon Gold
15 petites pommes de terre grelots
5 fines tranches de lard fumé
10 ml (2 c. à thé) de ciboulette ciselée*
Noix de muscade

30 ml (2 c. à soupe) de beurre doux à la
    température ambiante
Sel de mer et poivre noir
45 ml (3 c. à soupe) de gruyère râpé

Peler les «Yukon gold» et les détailler en cubes grossiers. Les placer dans le fond d'un couscoussier ou d'une casserole à vapeur avec, dans la partie supérieure, les pommes de terre grelots que l'on choisira très petites. Saler l'eau de cuisson et cuire jusqu'à ce que les deux pommes de terre soient tendres (environ 10 minutes).

Durant ce temps, allumer le four à 200 °C (400 °F) et placer les tranches de lard sur une tôle non graissée. Enfourner et cuire jusqu'à ce que la matière grasse soit complètement évacuée de la viande (10 à 15 minutes). Émietter le lard, très croustillant et encore tiède, dans un bol et réserver*.

Couper les pommes grelots en deux. Creuser une cavité à l'aide d'une cuillère à pomme parisienne, réserver. Avec les Yukon Gold, réaliser une purée bien lisse en y ajoutant la ciboulette, une râpée de muscade et le beurre. Saler (très peu) et poivrer. Dans chaque mini réceptacle, placer un soupçon de lard et remplir généreusement avec la purée de pommes de terre. Couvrir de fromage râpé et colorer au grill quelques minutes.

Le lard peut être remplacé par du saumon fumé coupé en petits cubes et secoué par quelques gouttes de jus de citron. Il faut chercher l'effet de surprise, car la vraie nature de cette bouchée ne surgit qu'après la saveur onctueuse de la pomme de terre et du fromage.

Poulet au curry et aux pommes (20 pièces)

« La méthode tandoori, du swing dans le poulet ! »

454 g (1 livre) de haut de cuisse de poulet désossée

2 limes

250 ml (1 tasse) de yoghourt de type balkan

3 ml (1/2 c. à thé) de curcuma

3 ml (1/2 c. à thé) de poudre de chili

5 ml (1 c. à thé) de cumin entier

Sel de mer et poivre noir

15 ml (1 c. à soupe) d'ail haché

15 ml (1 c. à soupe) de gingembre haché

3 pommes vertes

30 ml (2 c. à soupe) d'huile d'olive

Bâtons en bois de bambou (brochettes)

Découper le poulet en cubes de 2 à 3 cm d'épaisseur. Placer dans un grand bol avec le jus d'une lime, le yoghourt et les épices. Assaisonner*. Ajouter l'ail et le gingembre, bien mélanger et placer au réfrigérateur durant toute la nuit si possible.

Le lendemain, éplucher les pommes et les découper en cubes légèrement plus petits que les morceaux de poulet, verser quelques gouttes de jus de lime afin qu'elles conservent leur couleur. Tremper les bâtons dans l'eau froide pendant 15 minutes.

Embrocher en alternant poulet et pommes et cuire vivement avec très peu d'huile d'olive à la poêle, 1 minute de chaque côté. Dès que les brochettes sont bien colorées de toutes parts, les débarrasser sur une tôle et enfourner 2 à 3 minutes à 200 °C (400 °F) afin de terminer la cuisson.

Toutes les viandes un peu rebelles peuvent se prêter à cette méthode ancestrale d'attendrissement. En Inde, où l'on sert de la chèvre en guise d'agneau, cette façon de faire est très utilisée et vraiment spectaculaire. On y ajoute parfois de la purée de papaye, dont les propriétés digestives ne sont plus à démontrer, dans le but de renforcer encore le travail du yoghourt.

« Dumplings » épicés au canard confit (30 pièces)

« La merveilleuse versatilité de la pâte orientale »

30 carrés wong-tongs
Huile de tournesol

Pour la farce
4 à 6 cuisses de canard
30 ml (2 c. à soupe) d'oignon haché
5 ml (1 c. à thé) d'ail haché

5 ml (1 c. à thé) de gingembre frais haché
1 piment rouge
1 bâton de citronnelle
1 ravier de champignons de Paris (225 g ou 8 oz)

Placer les cuisses de canard dans un plat de cuisson et enfourner à 200 °C (400 °F) durant 15 minutes, les laisser refroidir un peu et désosser. Découper la chair en cubes de taille moyenne en tentant d'éliminer le maximum de gras. Réserver*. Prélever une cuillère de graisse dans le fond du plat de cuisson afin d'y faire suer* l'oignon, l'ail et le gingembre. Réserver.

Par le même procédé, faire suer les champignons finement émincés. Hacher le piment et la citronnelle, ajouter aux champignons en fin de cuisson.

Réunir tous les ingrédients de cette farce relevée dans un bol et bien mélanger. Placer une petite quantité du mélange au centre de chaque wong-tong, préalablement humecté d'un peu d'eau étendue au pinceau.

Fermer les «dumplings» en relevant et en collant les pointes opposées de la pâte et presser fermement les bords afin qu'ils ne s'ouvrent pas durant la cuisson. Frire rapidement dans l'huile de tournesol; ils doivent être totalement immergés et prendre une belle couleur dorée. Poser sur un papier absorbant et servir avec un chutney de mangues.

On peut réaliser soi-même un délicieux chutney de mangue et le conserver longtemps au réfrigérateur dans un bocal bien fermé. Voici comment procéder : peler et trancher quatre mangues. Les faire dégorger* durant 1 heure. Porter, en quantités égales, 15 ml (1 c. à soupe) de gingembre, de piment fort et d'ail au feu avec 125 ml (1/2 tasse) de vinaigre blanc et 125 ml (1/2 tasse) de sucre blanc. Au moment où le sucre est entièrement dissous, ajouter les mangues égouttées et essuyées. Cuire environ 15 minutes à feu doux. On peut relever la couleur avec une pincée de curcuma et la saveur avec une pincée de coriandre en poudre.

Pizza à l'aubergine et au fromage de chèvre (32 pièces)

« Un nuage de chèvre et d'aubergine dans cette craquante galette »

2 aubergines moyennes

Sel de mer et poivre noir

125 ml (1/2 tasse) d'huile d'olive

4 gousses d'ail finement émincées

2 petites courgettes jaunes (ou vertes)

225 g (1/2 livre) de pâte à pizza**

1 tomate pelée et détaillée en cubes

5 ml (1 c. à thé) de thym frais

1 fromage de chèvre affiné de 175 g (6 oz) environ

Envelopper les aubergines dans un papier d'aluminium et les cuire au four à 180 ºC (350 ºF) pendant 1 heure environ. Elle doivent êtres très fondantes au toucher. Les peler et les égoutter dans une passoire. Hacher cette chair grossièrement au couteau et placer dans un grand bol. Assaisonner* et ajouter un filet d'huile d'olive ainsi que l'ail émincé. Détailler les courgettes en duxelles* et les passer rapidement dans un peu d'huile d'olive à grand feu. Assaisonner et réserver*.

Séparer la pâte en quatre morceaux. Abaisser* ces derniers en minces disques et les piquer à l'aide d'une fourchette. Placer sur une tôle à pâtisserie. Recouvrir de la purée d'aubergine, parsemer des courgettes cuites précédemment, ajouter les dés de tomates en disposant harmonieusement les couleurs.

Saupoudrer de thym émietté. Monter le four à 260 ºC (500 ºF) et, juste avant d'enfourner, placer délicatement de belles tranches de fromage de chèvre sur le dessus des pizzas. Cuire jusqu'à coloration dans un four toujours très chaud.

La pâte à pizza est aujourd'hui très facile à trouver dans le commerce.

J'adore ce mélange d'aubergine, que l'on nomme parfois caviar d'aubergine – ou caviar du pauvre – en raison de la myriade de graines que ce légume renferme. Cette préparation peut se conserver longtemps au frais et peut servir de tartinade sur des croûtons encore tièdes frottés d'un peu d'ail.

Au marché

Marché Jean-Talon, Montréal, 5 heures. La nuit cède au bleu. D'épais nuages de fumée sortent des camions. Il fait froid. Des bouts de cigarettes allumées, vissées sur des visages sombres, voltigent dans ce reste de nuit. Ça sent le carton humide, le savon bon marché, l'expresso refroidi. Ce n'est pas encore la fin de l'hiver, mais on sent que la sève monte, une promesse de lumière se dessine sur l'éternité noire des jours.

Il faut attendre les premiers clients pour entendre bruire une conversation abstraite, un Stravinsky verbal. Les litanies de l'échange, du passant timide au marchand bonhomme, se répandent entre les étals. Cela pourrait être banal, mais c'est bien dans ces deux ou trois mots d'usage, ce non-dire, que se trouve cette reconnaissance commune. Il faut être à l'affût du moindre signe pour deviner l'âme derrière le quotidien des mots.

Les chariots élévateurs, lucioles de la nuit qui s'achève, ressemblent à des automates, des jouets géants se faufilant entre les caisses de légumes qui s'accumulent devant chaque échoppe. Une voix, rauque de tabac noir, s'élève en volutes suaves. C'est une chanson napolitaine, vieille réminiscence d'une «terre d'avant». C'est un peu ça aussi que je viens chercher si tôt le matin, une mélancolie virile qui libère du poids du corps, un sourire caché sous la dureté de l'ouvrage.

Si on me demande d'où je viens, je réponds : du matin ! De ce lieu où tout recommence sans cesse. Comme si, au lever du jour, une force neuve nous inspirait, intacte, libre de toute création. C'est la page blanche du cuisinier, l'angoisse de ne pas trouver l'ingrédient, de manquer d'imagination, la volonté de fuir les ornières du doute et du passé. Mais c'est aussi la joie de retrouver des visages, cette rassurante et naïve idée que tout est normal puisqu'ils sont là, ces vigiles de nos besoins de bouche. On peut toujours compter sur eux.

Monsieur Brouillard place tranquillement ses champignons. Chanterelles, trompettes des Maures, girolles, pieds bleus, ils sont tous là, c'est un jour de chance! Je pense à la terre. Je pense à la rencontre de sa main et de la terre. Cette main noire, rugueuse, entaillée de toutes parts, il me la donne chaque fois avec un demi-sourire. Il sait. Il sait pourquoi je suis là, retourne aussi sec dans son camion pour en sortir quelques caisses et m'entraîner sous un rai de lumière. «Voilà, tu n'as qu'à prendre ce qui t'intéresse», me dit-il. Regarder, toucher, sentir, la Sainte Trinité du désir. Comme un animal, il me faut fouiller dans un capharnaüm de fragrances intimes, celles d'un sous-bois du Nord du Québec. Gingembre et raifort sauvages, salicorne, morilles sont alors les ingrédients d'une partition secrète qui se déroule à portée de nez.

Nino, impérial depuis la création de ce marché, se demande déjà comment assurer la «transhumance» annuelle de ses étals vers l'extérieur. Ce sera dans deux mois environ. Il tient boutique durant l'hiver et redevient maraîcher à chaque printemps, au moment où tout le monde retrouve l'odeur du trottoir. C'est le bijoutier du lieu. Chaque élément est placé avec rigueur et respect dans ce temple de la gastronomie québécoise. Le monde est dans le creux de sa main. De sa chambre froide, faudrait-il dire, car ce lieu, comme la caverne d'Ali Baba, renferme un trésor constitué des plus magnifiques productions du monde. Fruits rares, toutes (absolument toutes) les herbes, salsifis, pâtissons colorés, champignons, trouvent chez lui leur adresse permanente. Sitôt les salamalecs terminés, c'est là, dans cette gigantesque chambre froide, que je me retrouve entre les caisses humides posées les unes sur les autres comme les tours d'un labyrinthe obscur. C'est là que je trouve ce que je ne cherchais pas.

Maria, la belle Italienne à la volumineuse chevelure dorée, possède une voix puissante. Il ne conviendrait pas de passer devant elle sans la saluer si on ne veut pas l'entendre retentir derrière nous, comme un dragon furieux. Même si on n'a besoin de rien, on a besoin d'elle, de ses yeux calabrais. J'en suis déjà au troisième expresso, mais j'avale celui qu'elle me tend sans rien dire, mon regard se perd dans la masse verte des laitues. Discrètement, le nez dans ma tasse, je l'observe. Elle est maquillée avec soin, des gants jaunes en plastique recouvrent ses mains que je devine belles et fines. Tout son être semble vouloir démentir les effets d'une âpre lutte quotidienne avec ces matins frisquets. Et cette chevelure ! Cet incendie capillaire capte la lumière du ciel qui s'ouvre soudain au-dessus d'elle. Une tache d'or qui papillonne entre la trévise et la scarole. Raconte-moi une salade...

Giuseppe, le bon Giuseppe. Mon cœur se serre à la pensée de cet homme. À l'heure de mon arrivée au pays, c'est chez lui que je me fournissais en produits fins. Là, en plein choc des premiers mois de l'exil, je retrouvais un peu de mon passé sous les formes et les parfums d'ingrédients rares que, pour la plupart, j'utilisais en Europe. Giuseppe est un vrai épicier italien. Une caricature presque, si sous le vernis du vendeur ne se cachait pas une fragilité bien commune à tous ceux qui ont quitté leur terre natale. Nous discutions souvent de son Italie. C'est à Montréal qu'il a appris ce métier mais c'est bien dans ce désormais lointain que Giuseppe, d'intuition, en avait assimilé toutes les ficelles. Un gamin de Naples apprend beaucoup de choses, très vite. Ce gamin est aujourd'hui octogénaire et vend parfois des muscats au marché à l'automne. Il le donne presque. Du raisin très mûr, du sucré, légèrement taché, bon pour faire du jus

de raisin. Giuseppe n'a plus rien à faire là depuis sa retraite, mais c'est plus fort que lui, sa scène lui manque. Il m'arrive de faire des cures de raisin juste pour lui faire plaisir…

Je rentre vite, le panier bien rempli. D'ailleurs la rumeur s'emballe, Stravinsky commence à faire monter le volume. Un dernier expresso peut-être sur la « Main », Café Italia ou ailleurs (quand ce dernier est livré aux m'as-tu-vu des fins de semaine) rue Dante, chez les « vrais vieux » qui ne sont pas là pour participer au décor et où le café est vendu à un prix plus « italien ». Avant d'entrer, je place mon vélo contre la vitrine pour le surveiller du coin de l'œil. Je vois les sacs déborder des paniers. D'autres, accrochés au guidon comme des mamelles gonflées d'espoirs, « balancent » ce drôle de cheval. C'est toujours un exploit de rentrer cette monture à la maison sans encombre.

Le marché est mon théâtre, on l'aura compris. Le reste n'est qu'agencement, gestion, doutes et parfois miracles. Après cette visite, on peut travailler, mettre en place l'orchestre des saveurs. On peut s'amuser à tisser un itinéraire entre les différentes provenances de tous ces produits étalés sur la table et, par un trait, dessiner le visage du pays aimé en réussissant un plat où chacun d'entre eux s'épanouira.

Ce portrait du pays par la bouche, il commence là, à l'aube, au cœur même du trésor des braves. C'est le lieu où les passionnés du goût et les producteurs-distributeurs se passent le relais dans une chaîne sans fin. La forge du rêve des cuisiniers.

Les soupes

Roquette et noix de coco (8 pers.)

« Le rendez-vous inattendu du crémeux de la noix de coco
et de la reine des salades italiennes »

1 poireau

2 branches de céleri vert

Quelques branches de persil

1 oignon moyen

3 gousses d'ail

30 ml (2 c. à soupe) d'huile d'olive

3 litres (12 tasses) de bouillon de volaille

1 chou-fleur

1 botte de laitue roquette (2 poignées)

1 botte d'épinards (même quantité que
  la roquette)

250 ml (1 tasse) de lait de coco non sucré

Sel de mer et poivre noir du moulin

Quelques râpures de noix de coco

Détailler grossièrement le poireau, les branches de céleri, le persil, l'oignon et l'ail. Faire suer* dans l'huile d'olive et mouiller du bouillon de volaille. Ajouter le chou-fleur découpé grossièrement et cuire durant 30 minutes, à faibles bouillons, après avoir légèrement assaisonné*.

Pendant ce temps, laver la roquette et les épinards. Réserver*. À la fin de la cuisson, ajouter la crème de coco et donner un dernier bouillon.

Passer au mélangeur électrique et pulvériser à haute vitesse avec les laitues. Rectifier l'assaisonnement et servir avec les râpures de noix de coco.

Il ne faut plus faire bouillir ce potage après l'avoir confectionné, car sa belle couleur vert tendre a tendance à brunir rapidement. On peut reprendre cette idée d'émulsion éclatante pour réaliser des sauces allant sur des viandes blanches ou des pâtes. Elles sont beaucoup plus légères que les sauces à la crème.

« Cappuccino » de homard (6 pers.)

« Léger comme un rêve »

1 céleri

1 poireau

1 oignon

1 gousse d'ail

2 carottes

5 ml (1 c. à thé) de thym émietté

1 feuille de laurier

Quelques brins de persil

Sel de mer, poivre noir

3 homards moyens

125 ml (1/2 tasse) de concentré (pâte) de tomate

400 ml (13,5 oz) de vin blanc sec

1 bâton de cannelle

5 ml (1 c. à thé) de paprika doux

100 ml (3,4 oz) de Cognac

200 ml (6,8 oz) de lait

Cannelle en poudre

Préparer le bouillon de homard en portant une grande casserole d'eau à bouillir avec le céleri, le poireau, l'oignon, l'ail, les carottes et les aromates. Assaisonner*. Cuire 10 minutes à gros bouillons et y plonger les crustacés. Couvrir. Au retour de l'ébullition, retirer le couvercle et compter 8 minutes avant d'égoutter les homards.

Décortiquer lorsque les crustacés sont encore tièdes et réserver la chair au frais. Replacer les carapaces dans le bouillon en prenant soin de prélever la moitié du liquide et de la remplacer par la même quantité d'eau (afin qu'en réduisant, la préparation ne gagne pas en sel).

Cuire 2 heures à faibles bouillons avec la tomate concentrée, le vin blanc, le bâton de cannelle et une pincée de paprika. Filtrer en pressant fortement sur les carapaces afin de bien récupérer tous les sucs. Réduire encore 1 heure.

Placer la chair de homard, découpée en cubes, au fond des bols à potage. Mouiller de quelques gouttes de Cognac et recouvrir de la bisque très chaude. Monter le lait chaud au fouet électrique et déposer délicatement la mousse sur le dessus de la bisque. Saupoudrer de cannelle en poudre.

On peut faire de ce « cappuccino » un « viennois » en remplaçant le lait par une crème fouettée sans sucre. Cette bisque, plutôt traditionnelle, gagne en chaleur grâce à la cannelle et au paprika, confondants compagnons des crustacés en général.

Soupe de poisson, rouille et croûtons (6 pers. en repas principal)

« La joie de retrouver un grand classique »

2 vivanneaux en filets

2 bars noirs en filets

2 dorades royales ou grises en filets

Huile d'olive

2 oignons rouges

2 branches de céleri

1 poireau

1 tête d'ail

2 piments forts

500 ml (2 tasses) de vin blanc sec

2 pieds de fenouil

Sel de mer et poivre noir

125 ml (1/2 tasse) de concentré (pâte) de tomate

6 à 8 pommes de terre pelées et détaillées en cubes

3 ml (1/2 c. à thé) de pistils de safran

Demander au poissonnier de récupérer les arêtes des poissons achetés. Dans une grande casserole, les faire suer* avec un peu d'huile d'olive en y ajoutant les oignons, les branches de céleri, le poireau, l'ail et le piment grossièrement taillés. Mouiller* avec le vin blanc. Ajouter les pieds de fenouil entiers, recouvrir d'eau. À la première ébullition, diminuer le feu, écumer et assaisonner* (peu de sel). Ajouter la tomate concentrée et laisser cuire 1 heure à faibles bouillons.

Récupérer les fenouils après en avoir vérifié la cuisson. Ils doivent être tendres. Passer la soupe au chinois en pressant fort à l'aide d'une louche sur les parures* afin d'en exprimer tous les sucs. Porter ce jus à ébullition et y cuire les pommes de terre avec le safran.

Pendant ce temps, dans une poêle à feu vif, dorer des filets de poisson tranchés grossièrement et les fenouils émincés en tranches de 1 cm d'épaisseur. Placer les filets cuits sur un beau plat de service en alternant avec les tranches de fenouil et servir la soupe à part avec les croûtons de rouille (voir page 52).

Je mentionne ici quelques espèces qui conviennent bien à ce potage, car il faut parfois savoir se libérer de la traditionnelle liste des poissons devant obligatoirement se trouver dans une soupe digne de ce nom. La réussite de cette soupe réside dans le fait de bien griller les tranches de poisson et de fenouil, et de les faire infuser quelques minutes, dans le liquide bouillant avant de servir. Il se libère encore des saveurs dans ce dernier échange.

Et la rouille...

4 œufs cuits durs

8 gousses d'ail

1 petit piment rouge

Quelques tranches de pain blanc sans croûte

3 ml (1/2 c. à thé) de pistils de safran

250 ml (1 tasse) de soupe de poisson

Huile d'olive extra vierge

Pain baguette (pour croûtons)

Peler les œufs et séparer les jaunes des blancs. Hacher finement l'ail dégermé (en prenant soin d'en réserver une gousse pour frotter les croûtons) avec le piment. Placer avec les jaunes d'œufs dans un bol de taille moyenne. Ajouter la mie de pain et le safran. Humecter d'un peu de soupe de poisson.

Mélanger au pilon ou à la fourchette afin d'obtenir une pâte serrée. Ajouter un filet d'huile d'olive. Confectionner des croûtons dans une baguette et les frotter d'un peu d'ail. Servir autour de la rouille.

Délicieuse à l'apéritif, avec des crudités et garnie de quelques anchois dessalés. Il est impératif de dégermer l'ail avant de réaliser cette rouille, n'oublions pas qu'il sera consommé cru.

Bouillon de poisson aux moules et au safran (6 pers.)

« Une vapeur d'Ostende »

2 poireaux

1 oignon

Quelques brins de persil

Huile d'olive

900 g (2 livres) de moules de Terre-Neuve

400 ml (13,5 oz) de vin blanc sec

Sel de mer et poivre noir du moulin

3 pommes de terre

2 gousses d'ail

1 litre (4 tasses) de fumet de poisson** ou d'eau

5 ml (1 c. à thé) de pistils de safran

454 g (1 livre) de cabillaud frais

Trancher les poireaux à la hauteur du blanc. Réserver les blancs pour la garniture. Hacher grossièrement le vert ainsi que l'oignon et le persil. Faire revenir dans un peu d'huile d'olive, ajouter les moules bien rincées et le vin blanc. Assaisonner* et cuire à couvert durant 4 minutes à feu vif. Lorsque les moules sont toutes ouvertes, retirer du feu (attention de ne pas surcuire) et égoutter tout de suite dans une large passoire, en prenant grand soin de récupérer le jus de cuisson.

Décortiquer et ébarber* les coquillages quand ils sont tièdes. Réserver la chair dans un bol ainsi qu'une douzaine de coquilles pour le décor. Couper les blancs de poireaux en deux dans la longueur puis en tranches de 1cm environ. Peler et couper les pommes de terre dans les mêmes dimensions.

Étuver* les poireaux dans un peu d'huile d'olive avec les gousses d'ail finement émincées, ajouter le jus de moule filtré, le fumet ou la même quantité d'eau. Y plonger les pommes de terre et cuire 10 minutes à feu doux.

Ajouter le safran en fin de cuisson. Au moment de servir, ajouter le poisson, qu'on aura détaillé en cubes de 2 à 3 cm de côté et cuire encore 3 minutes. Ajouter les moules décortiquées à la dernière minute. Dresser avec naturel les coquillages, le poisson et la garniture de légumes dans les assiettes chaudes.

Reprenant quelques ingrédients phares de la cuisine flamande, ce potage peut se faire avec n'importe quel poisson à chair blanche : morue, lotte, aiglefin, merlan… C'est sa liste d'ingrédients courte et son exécution rapide qui font le charme de cette recette aux parfums clairs.

Crème à l'ail (8 pers.)

« Une crème sans crème »

8 têtes d'ail

2 gros oignons

454 g (1 livre) de navets blancs (rabioles)

1 petit chou-fleur

1 noix de beurre doux (15 g)

3 litres (12 tasses) de bouillon de volaille

Sel de mer, poivre noir

Pousses de tournesol

4 pains pita

1 gousse d'ail

Éplucher les têtes d'ail. Porter une petite casserole d'eau à ébullition et y plonger les gousses d'ail. Égoutter et jeter l'eau. Répéter l'opération jusqu'à trois fois pour s'assurer d'adoucir le parfum de l'ail. De cette façon, on aura éliminé toute l'agressivité contenue dans ce condiment.

Faire revenir les gousses préparées et les légumes de liaison (chou-fleur, navets, oignons), grossièrement émincés, dans la moitié du beurre, mouiller* du bouillon, assaisonner* légèrement et cuire durant 30 minutes à faibles bouillons. Passer au mélangeur électrique, puis au chinois fin.

Préparer quelques triangles de pains pitas grillés et beurrés avec le reste du beurre. Servir avec des pousses de tournesol et les pitas frottés d'une gousse d'ail cru.

On peut éviter le triple bouillon de l'ail en tranchant chaque gousse dans l'épaisseur, donnant ainsi accès au germe (partie verte). On retire celui-ci simplement avec la pointe d'un petit couteau placé au centre des demi-gousses. Le germe devrait se détacher facilement.

Consommé aux shiitakés et raviolis de canard (6 pers.)

« Le subtil parfum de la citronnelle dans ce bouillon mondialisé »

5 litres (20 tasses) de bouillon de volaille

1 poireau

1 demi-céleri

5 carottes moyennes

225 g (1/2 livre) de viande de bœuf maigre, hachée

12 blancs d'œufs

125 ml (1/2 tasse) de concentré (pâte) de tomate

12 champignons shiitakés frais entiers

2 bâtons de citronnelle

12 raviolis «dumplings» au canard
  (voir recette p. 36)

Coriandre fraîche (facultatif)

Porter le bouillon à ébullition. Dans un grand bol, réunir le poireau, le céleri et les carottes finement hachés (cette opération peut se faire au robot culinaire). Ajouter la viande hachée, les blancs d'œufs et la pâte de tomate. Mélanger énergiquement. C'est ce qu'on appellera la masse clarifiante. Lorsque le liquide commence à bouillir, incorporer vivement cette masse clarifiante et dès la reprise de l'ébullition, diminuer le feu jusqu'au léger frémissement. Cuire une bonne demi-heure.

Passer au travers d'une étamine (ou un coton-fromage) et éliminer la masse clarifiante. Cuire dans le consommé les têtes de champignons équeutés avec les bâtons de citronnelle finement émincés. Laisser frémir à feu doux durant 15 minutes.

Cuire les wong-tongs à part, pour ne pas troubler le consommé, à l'eau légèrement salée, durant 3 minutes. Monter les assiettes creuses en alternant champignons et raviolis. Couvrir de consommé et parsemer de quelques feuilles de coriandre qui infuseront ce bouillon avec douceur.

Ce roi des potages demande quelques précautions et un peu de patience. En clarifiant le bouillon de volaille, on lui enlève un peu de sa saveur, c'est la raison pour laquelle on ajoute de la viande hachée très maigre à la masse clarifiante.

Dahl (8 pers.)

« Le feu dans la soupe ! »

2 petites courgettes jaunes

2 oignons

1 tête d'ail

250 ml (1 tasse) de lentilles jaunes

5 ml (1 c. à thé) de curcuma

5 ml (1 c. à thé) de cumin entier

3 ml (1/2 c. à thé) de piments broyés

Sel de mer, poivre noir

3 ml (1/2 c. à thé) de graines de moutarde

60 ml (4 c. à soupe) d'amandes effilées
    légèrement rôties

Huile d'olive

Prendre une casserole à fond épais et y faire revenir les courgettes détaillées en cubes de 2 à 3 cm de côté, ajouter les oignons et la moitié de l'ail finement hachés. Verser les lentilles rincées et égouttées, puis mouiller* largement d'eau. Rehausser avec les épices, sans les graines de moutarde, et assaisonner* légèrement. Cuire 1 heure à feu doux.

Au moment de servir, faire griller à la poêle le reste de l'ail finement escalopé pour imiter la forme des amandes effilées. Poser l'ail et les amandes sur le dessus du potage. Dans le même ustensile, faire griller les graines de moutarde avec une goutte d'huile d'olive et en parsemer le dahl. Attention : pour cette dernière opération, se munir d'un large tamis que l'on posera sur le dessus de la poêle car les graines de moutarde sautent joyeusement.

Il n'est pas du tout nécessaire de faire tremper les lentilles jaunes avant de réaliser cette recette. Un simple rinçage suffit. On peut passer ce potage au mélangeur si l'on désire qu'il soit lisse, mais pour ma part, je préfère l'offrir tel quel, comme on le trouve dans les ruelles indiennes.

Minestrone de flétan
aux sobas (6 pers.)

« Un bouillon inspiré de cette cuisine paresseuse
et géniale qu'est la cuisine Italienne »

1/2 céleri

2 courgettes « zucchinis »

1 gros oignon

30 ml (2 c. à soupe) d'huile d'olive

4 gousses d'ail

2 litres (8 tasses) de fumet de poisson**

2 tomates émondées* et coupées en brunoise*

454 g (1 livre) de filet de flétan

6 tranches de jambon de Parme très finement
  coupé

Sel de mer et poivre noir

Sobas (pâtes alimentaires japonaises au sarrasin)

125 ml (1/2 tasse) de bouquets de brocolis

Détailler le demi-céleri, l'oignon et les courgettes en brunoise. Faire suer* ces légumes avec 15 ml (1 c. à soupe) d'huile d'olive, ajouter l'ail très finement haché et mouiller* avec le fumet de poisson, assaisonner*.

Cuire 20 minutes à faibles bouillons, ajouter les tomates en fin de cuisson. Couper le poisson en six parts égales et les enrouler d'une tranche de jambon de Parme. Placer les morceaux de flétan dans une assiette creuse, aspergés de quelques gouttes d'huile d'olive, assaisonnés de poivre, surtout pas de sel. Réserver*.

Dans une grande casserole d'eau bouillante légèrement salée, plonger les sobas et cuire comme des pâtes de blé en les égouttant et les rinçant méticuleusement à l'eau chaude après cuisson (cette opération a pour but d'éliminer toute trace d'amidon et ainsi de ne pas troubler le potage). Garder au chaud dans le bouillon.

Griller les morceaux de poisson à la poêle et sans gras, colorer* légèrement chaque côté. Terminer la cuisson dans le bouillon de légumes et de pâtes auquel on ajoutera quelques bouquets de brocolis blanchis* à part.

Les sobas sont une belle alternative aux pâtes de blé qui composent ce classique de la cuisine italienne.
Le fait d'enrouler le flétan d'une tranche de jambon de Parme donne à ce potage des allures de soupe-repas
très corsée.

Les légumes

Le jardinier du fleuve

Au détour d'une route du nord du Québec, dans la région de Charlevoix, longeant l'impérial fleuve Saint-Laurent, quelques villages ont décidé d'une partie de l'avenir gastronomique de la belle province. En pratiquant une agriculture et un élevage exemplaires. Pensons à l'agneau des Éboulements, aux fromages de Baie-Saint-Paul, au veau biologique de la région de Saint-Aimé-des-Lacs (Clermont), au cidre de l'Île-aux-Coudres, aux canards malards de Saint-Urbain. Sans parler de la multiplication des auberges-boutiques d'où l'on rapporte confitures, vinaigres savants et diverses huiles parfumées (il faut parfois séparer le juste du décoratif). Indéniablement, cet endroit fut le point de départ d'une prise de conscience, la restauration et l'hôtellerie devenant une source d'emplois de plus en plus sérieuse dans une zone malmenée par les soubresauts d'une économie capricieuse.

J'ai passé quinze étés entre Baie-Saint-Paul et Tadoussac. Dans des cuisines privées, pour gagner ma vie, mais aussi pour explorer les produits du terroir et me lier d'amitié avec les restaurateurs et les producteurs du coin. En descendant la fameuse côte qui mène à Saint-Joseph-de-la-Rive, tout près de l'eau, à gauche, il y a une petite route qui vous fera découvrir un des plus beaux paysages près du fleuve. Les champs qui s'étendent vers le Saint-Laurent semblent s'inspirer de son murmure, respirer ses brumes en écoutant ses conseils. C'est la Métairie du Plateau, le domaine d'un homme : Jean Leblond. Cet homme restera longtemps dans ma mémoire. Jardinier du fleuve, impassible comme lui, son seul souci est dans le vent, le soleil ou la pluie qui ouvre et ferme les saisons sur ses terres d'amour.

Vêtu d'une salopette bleue, ce colosse barbu vous accueille d'un regard fier et un peu méfiant tout de même (quand on a décidé de se retirer à ce point du monde, on est quelquefois prudent !). Ses mains énormes peuvent contenir plusieurs laitues fines, mini-fenouils, poireaux de la grosseur d'un petit doigt, betteraves jaunes, patates bleues, topinambours et toutes sortes de légumes et herbes rares qu'il cultive sans grande publicité dans ce microclimat. Tout chez cet homme inspire le respect. Son silence est proportionnel à son érudition (il a été conseillé culturel du Québec à Paris, attaché politique, réalisateur d'émissions culinaires).

Son amour des cuisines et des cuisiniers l'a mené à cultiver pour eux exclusivement. Il les connaît tous par leur prénom. Je suis sûr qu'il pense à un cuistot pour cette herbe débordante, à un autre pour ces beaux bouquets de cresson. C'est par amour du goût et de la vérité qu'il s'est arrêté sur ces terres, qu'il a trimé, gagné, perdu, regagné. Car avant le cuisinier, le jardinier est déjà en scène. Hiver comme été, ce guetteur du temps est là de grand matin avec pour seul projecteur le soleil tyrannique et pour seul public une vieille grange silencieuse. Je l'imagine puiser dans les songes de quelque sieste estivale l'esquisse d'un tableau nouveau, son jardin rêvé. Là serait le cresson bleu de Rimbaud, là encore le vif coquelicot de Van Gogh et ici à droite les rangs d'oignons sortis du jardin des délices de Jérôme Bosch. Étendu dans l'ombre, ce dormeur magnifique voit passer en rêve ses désirs de couleurs et de parfums. Il peint le paysage de sa vie.

Artichauts au vin blanc (6 pers.)

« Ce cœur d'artichaut amoureux de sa marinade »

900 g (2 livres) de mini-artichauts (violets de préférence)

500 ml (2 tasses) de vin blanc sec

500 ml (2 tasses) d'eau

125 ml (1/2 tasse) de vinaigre blanc

1 citron

5 ml (1 c. à thé) de coriandre en grains

5 ml (1 c. à thé) de fenouil en grains

2 clous de girofle

3 baies de genièvre

2 brins de thym frais

1 feuille de laurier

1 petit piment fort écrasé

Gros sel, poivre noir entier

Tourner* les artichauts afin d'en éliminer les grosses feuilles. Cette opération se fait avec un petit couteau d'office. Sectionner les queues des artichauts et placer le légume couché devant soi. Glisser le couteau sous les feuilles en longeant le pourtour (circonférence) des légumes. Finalement, couper l'extrémité des feuilles et plonger immédiatement les cœurs d'artichauts dans le mélange vin blanc-eau-vinaigre, afin qu'ils ne s'oxydent pas.

Presser le citron après en avoir prélevé quelques zestes que l'on joindra à la cuisson. Ajouter les épices, le thym, la feuille de laurier et le piment écrasé. Assaisonner*. Cuire 20 minutes ; le temps de cuisson varie selon la taille des artichauts. On peut vérifier la cuisson en testant de la pointe du couteau : s'il s'enfonce facilement, les fonds d'artichauts sont prêts. Je les préfère généralement tendres, mais en Italie, on les fait à peine cuire ou bien on les sert carrément crus en salade. Estomacs sensibles, s'abstenir.

Servir avec des viandes blanches et des poissons grillés.

Ces artichauts se conservent durant des mois, bien recouverts de leur marinade en bocaux stérilisés. Ils offrent alors la possibilité d'êtres traités en tartinade, à l'improviste, sur des croûtons frottés d'ail. On les passe au mélangeur avec un filet d'huile d'olive et quelques feuilles de basilic.

Millefeuilles de champignons au morbier (4 pers.)

« Un hamburger végétarien »

4 gros champignons portobello
Huile d'olive
Sel de mer, poivre noir du moulin
4 tomates
Quelques feuilles de roquette
8 fines tranches de fromage morbier

Basilic frais
1 oignon haché
Vinaigre au choix

Trancher les champignons dans le sens de la hauteur en trois escalopes de même épaisseur après en avoir enlevé les queues. Poser les escalopes sur une tôle, les badigeonner d'huile d'olive. Assaisonner*.

Trancher deux tomates en lamelles, les faire dégorger* avec un peu de sel. Sur le barbecue ou à la poêle striée, griller les champignons et monter les mille-feuilles en intercalant champignons, tomates égout-tées, roquette et fromage finement tranché.

Émonder* les deux tomates restantes et les couper en brunoise*. Ajouter le basilic ciselé* et l'oignon haché. Assaisonner et ajouter une goutte de vinaigre au choix ainsi qu'un filet d'huile d'olive. Laisser macérer cette sauce vierge durant 30 minutes.

Au moment de servir, passer les « hamburgers » au four à 180 °C (350 °F) durant 15 minutes afin de bien sceller le montage. Servir avec la sauce vierge.

Le morbier, très crémeux, donnera du moelleux à ces champignons grillés. On peut également les cuire au four sur une tôle, à la graisse de canard, et les servir en accompagnement d'un confit par exemple.

Salade « sanguine » de mon ami Karim (4 pers.)

« Arlequin perdu en Orient »

454 g (1 livre) de céleri-rave
1 citron
454 g (1 livre) de betteraves rouges cuites
1 gros oignon rouge
1 pied de fenouil
Quelques olives noires

4 oranges sanguines
15 ml (1 c. à soupe) de moutarde forte
Huile d'olive extra vierge
Sel de mer et poivre noir du moulin

Peler et découper le céleri-rave en cubes de 2 cm de côté. Les cuire en eau salée avec un demi-citron durant 5 minutes. Réaliser la même découpe avec les betteraves cuites et pelées. Plus finement, découper l'oignon et le pied de fenouil. Dénoyauter les olives et les couper en deux.

Peler les oranges à vif en récupérant le jus qui ne manquera pas de s'échapper. Bien presser ce qu'il reste de jus dans les membranes ; on devrait obtenir un bon verre de liquide. Réaliser la vinaigrette comme suit : réduire le jus d'orange jusqu'à l'obtention de 15 ou 30 ml (1 ou 2 c. à soupe) de liquide. Hors du feu, ajouter la moutarde et monter avec un peu d'huile d'olive au fouet. Rectifier l'assaisonnement et ajouter le jus de l'autre demi-citron. Réunir les légumes et les suprêmes d'orange dans la vinaigrette et laisser tirer* au moins une demi-heure.

Amusez-vous en accompagnant cette salade rafraîchissante de quelques tranches de saumon fumé à l'érable.

Attention ! Plus la marinade attend, plus les céleris seront colorés par les betteraves et donc moins identifiables dans la salade. L'idéal est d'obtenir une nuance de rose et de rouge de ce plat en le dégustant dans les 2 heures qui suivent sa préparation.

Purée de céleri-rave

« Une onctueuse purée de légume, un nuage de tendresse »

1 céleri-rave moyen

1 citron

115 g (1/4 de livre) de beurre doux à la température
  ambiante

Sel de mer, poivre de Cayenne

Peler le céleri-rave, le couper en morceaux assez
grossiers et les porter au feu, couverts d'eau citronnée.
Saler légèrement. Cuire 30 minutes à faibles bouillons. Égoutter et passer au robot culinaire en incorporant le beurre petit à petit. Réserver en rectifiant
l'assaisonnement.

On peut farcir des fonds d'artichauts (voir recette p. 68)
de cette mousse ou la servir à la cuillère avec des
viandes ou des gibiers rôtis.

Il faut mettre autant de soin à choisir les légumes d'hiver que les légumes d'été, dont la fraîcheur saute plus facilement aux yeux. Il faut les acheter fermes, non oxydés et sans meurtrissures. Ils ont tendance à verdir et à ramollir lorsqu'ils traînent trop longtemps sur les étalages.

Goutte d'or

Le tout début du cuire, c'est un oignon qui chante dans l'huile d'olive, un frémissement caressant les narines, un récipient chemisé de liquide doré. Tout est possible après ce premier pas. Vous pensez à l'agneau, soit, mais imaginez la tomate, son soleil à réduire. Jetez-y les herbes apaisantes, le poivre-fruit, le sel de mer, et voilà le mois de septembre qui exhale ses parfums dans un grand éclat de rire.

Cher olivier ! Tes rameaux de vieilles légendes ploient sous le poids de tes fruits. Que j'aime ton ombre sur un sentier de Provence, ton ombre d'épices retenues, tes appels de citron et de thym, de marinades savantes. Olivier, tu es beau et calme. De ce calme que seule la plus grande assurance permet. Tu passes ta vie à regarder la mer, geste que tous les hommes t'envient, en espérant quelque oiseau pour remuer ton

vêtement et emporter une de tes branches en signe de paix. De tes fruits coulera la source du cuire, le prétexte au rêve de cuire.

Tu penches légèrement sous le vent de l'océan. Mistral ou zéphyr, tu danses... Et moi je te regarde comme on regarde un fils. En souhaitant qu'il te ressemble. Olivier, je t'attends les bras ouverts. Tu témoigneras du temps qu'il a fait cet hiver par le cœur de tes fruits. Je tournerai la tête vers le Sud. Italie, Grèce, Provence, Portugal, Espagne, Maroc, Liban, Palestine. Je penserai à toi, aux territoires que tu as choisis pour enfouir tes racines. D'anciens paradis, des ruines d'empires au bord de la grande bleue. Où que tu sois, tu t'inspires de son sel. Tu tournes autour d'elle et ton feuillage bleu s'agite comme des acteurs de drames antiques. Avec toi, je pourrais marcher

des siècles. Aller n'importe où, au-delà des frontières des hommes, connaître en te suivant une route d'or. Et que mes casseroles chantent sous le précieux nectar de tes fruits, qu'il me traverse de partout, dans tous mes plats et dans mon âme comme un élixir de bonheur !

Je t'ai souvent placé là où on ne t'attendait pas. Avec un miel de montagne et du pain de seigle oriental, tu complètes un déjeuner de voyageur. Avec des figues et un jambon de pays, tu nous emmènes sur les chemins de Toscane, avec une tomate et un oignon, tu promets une sauce pour les pâtes du soir. Dans ton bain de bienfaits, des fleurs de courges s'épanchent. Tu m'as détourné, belle huile d'olive, délivré du combat qui oppose le beurre froid et le pain frais du matin. Il n'y a rien qui ne bénéficie de ta compagnie. Je te veux

à la cuillère, jus vert picoté de noisettes. Le matin à jeun, comme disait le vieux docteur de famille, et le soir avant de se mettre au lit.

Miel d'arbre. Je pense aux arbres souvent. Aux figuiers des révélations, aux manguiers tentaculaires, aux arganiers porteurs de chèvres, aux poiriers de l'enfance. Je rêve alors que nous nous réincarnons après la mort dans ces dignes créatures. Je choisirais volontiers l'olivier. Ses branches réclament la paix, mais la seule et véritable paix se trouve sous son ombre délicate, après une marche tête nue sur des sentiers inondés de soleil.

Linguine au fenouil confit (4 pers.)

« Le charme des cuissons longues »

4 pieds de fenouil

2 litres (8 tasses) de bouillon de volaille

5 ml (1 c. à thé) de cumin entier

5 ml (1 c. à thé) de curcuma

5 ml (1 c. à thé) de poudre de chili

3 ml (1/2 c. à thé) de pistils de safran

1 aubergine moyenne

1 tomate mûre

2 paquets de pâtes italiennes de
première qualité

125 ml (1/2 tasse) d'huile d'olive

Sel de mer et poivre du moulin

Placer les pieds de fenouil dans une casserole assez haute et étroite. Couvrir du bouillon de volaille et cuire lentement avec toutes les épices, très peu de sel et de poivre. Cette cuisson peut prendre deux bonnes heures à feu très doux, selon la taille des bulbes. Ils doivent être très fondants. Les égoutter, les laisser refroidir et les couper en quartiers. Trancher l'aubergine et faire dégorger* une demi-heure sur une tôle.

Émonder* la tomate, la couper en cubes assez grossiers. Cuire les pâtes dans l'eau de cuisson des fenouils. Pendant qu'elles cuisent, poêler les quartiers de fenouil et les tranches d'aubergine avec l'huile d'olive en les colorant légèrement. Égoutter les pâtes.

Mêler les légumes aux linguine, rectifier l'assaison-nement et, juste avant de servir, parsemer de dés de tomates, de quelques fanes de fenouil (la partie verte qui ressemble à un plumeau) et d'un filet d'huile d'olive. On peut, si l'on aime les pâtes moelleuses, rajouter une louche de jus de cuisson et laisser tirer* quelques minutes.

Souvent consommé cru, il faut redécouvrir le fenouil, longuement confit et ensuite caramélisé. Il fait merveille sur un poisson grillé. Mêlé de tomates de saison, il offre un accompagnement ensoleillé à l'agneau rôti.

Courgettes ratatouille niçoise (6 portions)

« Une découpe caviar pour ces légumes de tous les jours »

5 courgettes moyennes « zucchinis »

1 grosse aubergine

3 poivrons rouges

1 oignon rouge

3 gousses d'ail

250 ml (1 tasse) de coulis de tomates**

Huile d'olive

Sel de mer, poivre noir du moulin

5 ml (1 c. à thé) de thym frais (facultatif)

Découper les légumes en fines duxelles* en sauvegardant trois courgettes pour la présentation. Dans une casserole à fond épais, les faire revenir dans un peu d'huile d'olive jusqu'à évaporation totale de leur eau de végétation. Ajouter l'oignon et l'ail finement hachés. Laisser légèrement colorer et ajouter le coulis de tomates. Cuire à feu doux durant 15 minutes.

Pendant ce temps, couper les courgettes réservées en deux dans le sens de la longueur et les évider à l'aide d'une cuillère à pomme parisienne. Saler, poivrer, humecter d'un peu d'huile d'olive et cuire rapidement (2 ou 3 minutes seulement) au four très chaud afin de les ramollir un peu. Les farcir de la ratatouille à laquelle on aura facultativement ajouté le thym émietté.

Cette subtile ratatouille se conserve très longtemps au réfrigérateur, une fois mise en bocal. À chaque prélèvement, s'assurer de bien recouvrir les légumes d'une fine couche d'huile d'olive. Il est pratique d'avoir sous la main cette préparation très polyvalente. À la dernière minute, on peut recevoir avec un plat de pâtes merveilleusement coloré d'une myriade de petits légumes. On peut également servir la « rata » avec l'agneau ou un poisson grillé, compagnons de longue date et merveilleusement complémentaires.

Petites tomates caramélisées
au vinaigre balsamique (6 pers.)

« Une compote de fin d'été où chaque fruit garde un peu de son âme »

900 g (2 livres) de tomates cerises
   moyennes émondées*

15 ml (1 c. à soupe) d'huile d'olive

5 ml (1 c. à thé) de cumin entier

Sel de mer et poivre noir

1 botte de basilic frais

1 pincée de sucre de canne

100 ml (3,4 oz) de vinaigre balsamique

5 ml (1 c. à thé) de sauce soya

Poêler vivement les tomates dans un récipient anti-adhésif avec l'huile d'olive, assaisonner de cumin, de sel et de poivre. Les tomates doivent colorer. Ajouter le sucre et laisser bien caraméliser.

Les placer dans un compotier, délicatement, afin de ne pas détruire la forme originale des tomates, déglacer la poêle avec le vinaigre et la sauce soya.

Laisser réduire jusqu'au léger épaississement de la sauce et verser sur les tomates tièdes. Parsemer de basilic finement ciselé.

Les tomates cerises, souvent utilisées pour le décor, peuvent se cuire et deviennent alors un autre légume. Très sucrées, contenant moins d'eau, elles caramélisent plus facilement et offrent une ponctuation de rêve aux poissons cuits à la vapeur. Elles peuvent également se déguster sur des croûtons, à l'ombre d'une terrasse encore tiède d'un soleil d'automne.

Tarte tatin aux endives (8 pers.)

« Une tarte du Nord délicatement parfumée de fenouil »

16 petites endives

Sel de mer et poivre noir du moulin

3 gousses d'ail

1 râpée de noix de muscade

115 g (1/4 de livre) de beurre doux

225 g (1/2 livre) de pâte feuilletée

5 ml (1 c. à thé) de fenouil en grains

Cuire les endives recouvertes d'eau légèrement salée et poivrée, à faibles bouillons, avec les gousses d'ail non pelées et coupées en deux, la muscade et la moitié du beurre durant 20 minutes. Égoutter. Abaisser* un disque de pâte feuilletée de la dimension d'une poêle en téflon en bon état et perforer cette pâte à l'aide d'une fourchette en plusieurs endroits. Cette pratique a pour but d'assurer un développement régulier et mesuré de la pâte lors de la cuisson.

Placer les endives bien égouttées (au besoin, les presser délicatement avec les mains) avec le reste du beurre dans la poêle et faire dorer. Jeter une pincée de graines de fenouil dès que les légumes auront rendu toute leur eau. Le beurre doit commencer à caraméliser. C'est le moment de couvrir de la pâte et d'enfourner en prenant soin de protéger la poignée du poêlon (souvent en matière plastique) d'un papier d'aluminium. Cuire 20 minutes à 200 °C (400 °F).

Retourner sur un plat ou une grande assiette et servir encore tiède.

Il se cultive maintenant au Québec de délicieuses endives. Très petites, moins calibrées que celles qui nous viennent de Belgique, ces endives conviennent très bien à cette galette. Délicieux sur une salade, en entrée, avec des copeaux de fromage stilton.

Salsifis à la crème (4 pers.)

« La Flandre caressée d'Italie, les frères renaissants »

1 botte de salsifis de Belgique
1 citron
250 ml (1 tasse) de crème
Sel de mer et poivre noir
Copeaux de parmesan
30 ml (2 c. à soupe) de persil haché

Peler et laver les salsifis dans l'eau froide citronnée. Les tronçonner en bâtons de 10 cm de longueur.

Cuire à grande eau salée durant 3 minutes. Égoutter et couvrir de crème. Porter au feu, et au premier bouillon, réduire le feu. Cuire durant 5 minutes afin de faire lentement épaissir et pénétrer la crème au cœur des légumes. Assaisonner* à mi-cuisson.

Servir parsemé de copeaux de parmesan et de persil haché.

Les salsifis sont parfois difficiles à trouver. Ce sont de merveilleux légumes qui disputent aux asperges le titre de légume le plus subtil du répertoire. Ils sont encore relativement chers car malgré tous les efforts de nos agriculteurs, les meilleurs salsifis sont, encore à ce jour, importés. Ils font merveille sur les viandes blanches.

Curry d'aubergines
à la tomate (6 pers.)

« De la tomate pour rafraîchir ces légumes en colère »

5 ml (1 c. à thé) de coriandre en grains

5 ml (1 c. à thé) de cumin entier

3 ml (1/2 c. à thé) de poudre de chili

5 ml (1 c. à thé) de curcuma

454 g (1 livre) de petites aubergines bleues

Sel de mer et poivre noir du moulin

454 g (1 livre) de tomates italiennes émondées*

45 ml (3 c. à soupe) d'oignon haché

15 ml (1 c. à soupe) d'ail haché

30 ml (2 c. à soupe) de gingembre haché

1 piment fort débarrassé de ses graines et haché

Huile d'olive ou beurre clarifié*

Rôtir très légèrement les grains de coriandre et de cumin dans un poêlon à sec. Placer dans un pilon et pulvériser. Ajouter les poudres de chili et de curcuma. Réserver*.

Peler les aubergines en alternant les découpes sur la peau de façon à obtenir des rayures de 2 cm environ dans le sens de la longueur (cette opération a pour but de bien faire pénétrer les saveurs d'épices au cœur des légumes). Les faire dorer à l'huile d'olive ou au beurre clarifié en assaisonnant de sel, de poivre et de la poudre d'épices. Réserver dans un plat allant au four.

Allumer le four à 180 °C (350 °F). Dans le même poêlon, dorer l'oignon, l'ail, le gingembre et les piments avec un peu d'huile d'olive ou de beurre clarifié. Ajouter aux aubergines. Intercaler les aubergines de tomates coupées en deux et cuire au four, en couvrant d'un bon verre d'eau (200 ml ou 6,8 oz), durant 1 heure à couvert. Éviter de mélanger durant la cuisson : les aubergines cuites sont très fragiles.

Si vous ne trouvez pas d'aubergines bleues, essayez les petites noires italiennes, un peu chères mais très savoureuses et contenant très peu d'eau. Si vous utilisez de grandes aubergines noires, ne mettez pas d'eau avant d'enfourner. Servir avec une montagne de riz basmati, cuit à la vapeur ou à l'eau, sans aucun assaisonnement.

Éloge du reste

Il faut une grande expérience pour évaluer exactement la quantité de chaque ingrédient nécessaire à l'élaboration d'une recette. On se retrouve la plupart du temps avec des restes qui, il faut bien l'avouer, finiront oubliés au fond du réfrigérateur. Ils nous révèlent des choses sur nous. Dans l'ombre de leur récipient, ils nous parlent encore, nous menant vers des recettes insolites. Ils créent la contrainte dont l'art se nourrit.

Quand on les réchauffe, ils gagnent en puissance et nous rappellent les bons moments qui furent à l'origine de leur création. Quand on les remanie en les mêlant à de nouveaux ingrédients, on découvre des chemins de traverse, bordés de nouvelles saveurs. Nées de ces croisements insolites, quelques-unes de ces recettes imprévues deviendront peut-être des classiques pour lesquels il faudra recréer sans cesse de « nouveaux » restes.

Ce qu'il reste. On va manger les restes. Le bel effet que cette phrase faisait sur les mines familiales à l'heure du repas du soir ! Il nous faut vite trouver dans cette armoire de l'imaginaire de quoi secouer ces restes endormis. Voilà qu'une folie passagère nous traverse : et si on essayait... Ah ces fameux restes ! Encombrants témoins du passé. Les voilà qui réapparaissent toujours, derrière, dans le fond du froid, à nous narguer. Les restes, ce qui demeure après la fête, sont les braises d'un feu qui porte à la mélancolie, elle-même source d'un plaisir plus obscur.

« C'est avec les restes qu'on fait les meilleures soupes », dit le dicton. Regardons cela de plus près. N'est-il pas vrai que l'on est un peu moins regardant sur les quantités quand vient le temps de se débarrasser des restes ? Et l'indicible joie qui nous anime quand on a réussi à ne rien jeter. À ne rien perdre. De notre passage sur terre, retenir une journée de plus sans saccage, sans sacrifice inutile.

D'instinct, nous plongeons dans le bouillon des ingrédients qu'on n'aurait jamais mis ensemble et qui là, pour la bonne cause, forment le plus surprenant des potages. Bien pratique à l'heure du grand ménage !

Mais il ne faut pas limiter à la seule soupe le pouvoir de tout recycler. Pensons au riz, le plus absorbant, tels l'arborio dont on se sert pour le légendaire risotto et la semoule de blé qui « boiront » un bouillon fait de quelques légumes épars et d'un brin d'herbe presque oubliés ; à la géniale pomme de terre, qui servira de socle aux plus appétissants gratins ; au riz byriani introduit en Inde par les Moghols (confectionné avec un reste de riz cuit et quelques épices, des fruits séchés et des légumes sautés) ou encore aux merveilleuses « Quesadillas » empruntées aux Mexicains qui, à l'aide d'un fromage fondant, permettent de sceller les restes de viandes ou de poissons cuits. J'admire aussi la cuisine italienne pour l'ingéniosité avec laquelle elle se régénère sans cesse autour de très peu d'ingrédients. On le voit, une bonne partie de la cuisine traditionnelle des peuples du monde est basée sur la récupération des restes.

En effet, c'est souvent du côté de la cuisine ethnique qu'il nous faut chercher le répertoire qui permet de cuisiner les restes sans fadeur. Est-ce un hasard ? Le manque nous oblige à la plus grande vigilance. Mais il y a peut-être un facteur culturel qui trahit notre embarras envers nos surplus. Dans nos sociétés occidentales, débordantes de richesses, habituées à la nouveauté, nous avons un peu tendance à tourner le dos au passé. Le temps va toujours vers l'avant. Nous souvenons-nous de ce que nous avons mangé hier ?

Le reste est un tour joué au temps qui passe. On réchauffe un morceau de bonheur et voilà notre réponse à cette violence du temps : le souvenir. Avec le reste remis sur la table, nous invitons cette mémoire à nous aider à vivre, à fêter l'avenir. Un peu comme si le reste servait de ferment au prochain repas. Comme le pain fabriqué au levain naturel dont on prélève une petite quantité afin de préparer la pâte du lendemain. Comme le yoghourt en Asie qui prend forme grâce au jeu bienfaiteur des bactéries. Comme la vie et la mort se nourrissent l'une de l'autre.

Riz basmati rissolé aux canneberges séchées (4 pers.)

« Un échange Nord-Sud explosif »

5 ml (1 c. à thé) de coriandre en grains

3 baies de cardamome

5 ml (1 c. à thé) de cumin entier

5 ml (1 c. à thé) de curcuma

Huile d'olive ou beurre clarifié*

1 oignon haché

3 gousses d'ail hachées

1 piment fort (sans les graines) haché

10 ml (2 c. à thé) de gingembre frais et haché

1 litre (4 tasses) de riz basmati cuit

125 g (1/2 tasse) de canneberges séchées

125 g (1/2 tasse) de noix de cajou non salées

Noix de coco (facultatif)

Griller très légèrement à sec les grains de coriandre, de cardamome et de cumin. Réduire en poudre au pilon et mélanger au curcuma.

Sauter vivement à la poêle, avec le beurre ou l'huile, l'oignon, l'ail, les piments et le gingembre. Ajouter le riz et les canneberges. Faire rôtir en remuant sans cesse à la spatule de bois. Laisser colorer très légèrement et ajouter ensuite les noix en assaisonnant* et en saupoudrant d'épices.

Continuer à rissoler jusqu'à ce que le riz devienne transparent (cette opération peut prendre jusqu'à 10 minutes sur un feu assez vif). Ajouter la noix de coco fraîchement râpée juste avant de servir.

Ce plat flamboyant se déguste en général seul. C'est un repas complet qui peut se décliner sur plusieurs tons en y ajoutant d'autres fruits secs, des légumes ou de la viande finement émincés.

Chou rouge épicé aux pommes (4 pers.)

« Presque un dessert »

1 bâton de cannelle
2 clous de girofle
4 graines de cardamome
2 pommes
1/2 citron
1/2 chou rouge très finement émincé

Beurre clarifié*
Sel de mer, poivre noir
1 pincée de cassonade

Rôtir les épices entières à sec au poêlon. Pulvériser au pilon d'abord, au moulin à café ensuite. Peler les pommes, les évider et les trancher en rondelles de 1/2 cm d'épaisseur, réserver* avec quelques gouttes de jus de citron.

Dans une casserole à fond épais, faire tomber le chou avec un peu de beurre clarifié, assaisonner* et parfumer de la poudre d'épices. Dès que l'eau du chou s'est évaporée, rajouter un verre d'eau (200 ml ou 6,8 oz) et cuire 20 minutes à feu doux et à couvert. Dorer les pommes dans une poêle avec un peu de beurre clarifié ; ajouter un soupçon de cassonade en fin de cuisson.

Mouler quatre cercles à foncer (tubes en inoxydable de 10 cm de diamètre) en alternant pommes et chou. Passer au four en maintenant l'ensemble avec des bâtons de cannelle brisés à la manière de cure-dents afin de faciliter le démoulage et la présentation. Cuire 20 minutes à 150 °C (300 °F).

Les choux, en général, sont peu présents dans notre alimentation. Ils représentent pourtant une source de fibres et de vitamines très importante en hiver, lorsque les légumiers tournent au ralenti.

Le chou rouge appelle le gibier et les viandes rouges. Cette recette exprime, grâce au mélange fin d'épices rôties, le meilleur soutien au parfum musqué des viandes sauvages.

La raïta (4 pers.)

« Pour apaiser la fureur du palais »

1 petit concombre

1 poivron rouge

1 poivron vert

1 pomme verte

5 ml (1 c. à thé) de fenouil en grains

5 ml (1 c. à thé) de carvi en grains

5 ml (1 c. à thé) de cumin entier

1 botte de menthe fraîche

1 litre (4 tasses) de yoghourt nature
de type balkan

Hacher très finement les légumes et la pomme. Rôtir légèrement les grains de fenouil, de carvi et de cumin. Pilonner. Réunir tous ces ingrédients dans un bol. Ciseler* la menthe. Ajouter le yoghourt. Bien mélanger.

On peut ajouter des noix, des pistaches, des noisettes ou des amandes rôties au dernier moment. Ce yoghourt est servi en Inde généralement après le repas.

Il est très facile de faire soi-même un extraordinaire yoghourt ferme. Porter deux litres (8 tasses) de lait entier à ébullition et laisser réduire d'un tiers. Couper le feu et laisser redescendre la température jusqu'à 45 °C (115 °F). Mélanger au lait un petit pot de yoghourt nature acheté dans le commerce. Verser dans des contenants de verre avec couvercles. Les yoghourts doivent êtres parfaitement hermétiques. Placer au four à très faible température pour maintenir les 45 °C (115 °F) initiaux durant au moins 4 heures. Il est parfois difficile d'obtenir une température aussi basse dans un four normal ; je recommande alors de l'éteindre après 1 heure de cuisson (au minimum possible) et de garder la porte du four fermée durant les 3 heures qui suivent. Ranger au réfrigérateur dès que les pots sont refroidis.

Pommes et aubergines grillées en salade (4 pers.)

« La grande salade du Cachemire »

2 aubergines bleues de taille moyenne

2 pommes Golden

1 lime

Huile d'olive

5 ml (1 c. à thé) de coriandre en grains

5 ml (1 c. à thé) de cumin entier

1 petit piment fort

Sel de mer et poivre noir

Quelques feuilles de jeunes épinards

30 ml (2 c. à soupe) de coriandre
fraîche équeutée

Trancher les aubergines en biais et dégorger* durant au moins 1 heure. Peler les pommes et les couper en demi-rondelles, les asperger de quelques gouttes de lime. Débarrasser l'eau des aubergines et humecter d'huile d'olive.

Griller les grains de coriandre et de cumin à sec dans un poêlon. Pilonner et ajouter aux aubergines ainsi que le piment finement haché. Poivrer. Après une petite heure de repos, griller les aubergines et les pommes, les placer en les alternant sur une tôle allant au four. Réserver* couvert d'un papier d'aluminium. Laver et essorer les épinards.

Juste au moment de servir, passer la tôle de légumes et de fruits grillés au four à 180 °C (350 °F) durant 10 minutes. Dresser ensuite sur la salade d'épinards légèrement badigeonnée d'huile et de jus de lime. Parsemer de pluches de coriandre.

Cette salade qu'on peut préparer d'avance se marie avec élégance aux volailles rôties. Elle caractérise bien la saison automnale, quand aubergines et pommes se passent le relais des récoltes. Elle peut aussi se déguster en hors-d'œuvre sur un pain azim légèrement rôti.

Un intrus dans la cuisine

Allons en Inde. En remontant la route qui longe les montagnes de la chaîne Malabar, bien avant Goa et son cortège de distractions pour touristes, se trouve le village côtier de Gokaran dans le nord du Karnataka. C'est un endroit magique où la mer inspire la prière, le retrait, l'abandon de soi à l'immensité du temps. Durant toute la journée, il y règne une activité intense grâce au temple dédié à Shiva qui attire les pèlerins de l'Inde entière.

Le village est isolé de la route principale par des kilomètres de champs de sel qui, dès la fin du jour, prennent un reflet doré et donnent à cet endroit du bout du monde une lumière exceptionnelle. J'ai découvert ce lieu en cherchant la mer. Comme cela arrive en Inde, le voyageur peut s'éprendre d'un espace précis, même s'il n'est pas particulièrement beau, et avoir envie d'y poser son sac pour un moment. Ces endroits, loin des villes surchauffées, sont des réductions à taille humaine, si j'ose dire, de la société indienne. Des observatoires discrets pour qui veut s'arrêter et comprendre ce gigantesque brasier.

Là, j'ai succombé au spectacle le plus délicieux qui soit. Les femmes indiennes et la mer. Je me suis planté sur la plage dès mon arrivée et les ai observées durant des heures. Elles tentaient d'épargner leur sari des vagues en riant, se mouillaient quand même, couraient, revenaient vers l'eau comme des enfants que le danger grise, puis offraient au vent des pans de tissus de leurs vêtements flamboyants, à contre-jour d'un soleil qui s'enfuyait. Cartier-Bresson en couleur.

Il n'y avait pas d'hôtel dans le village. Il fallait impérativement loger chez l'habitant. La nuit venant vite en hiver, je me réfugiai dans la première maison venue depuis la plage. Une maison bien étrange, silencieuse durant le jour, alors qu'au-dehors battaient les tambours accompagnant le chant des pèlerins. Elle s'animait, la nuit venue, de voix et de rires de jeunes hommes qui retentissaient jusqu'aux petites heures du matin. Ils étaient «collecteurs d'offrandes» dans les casiers des temples et devaient, en leur qualité de brahmane, offrir la prière et les remerciements aux pèlerins. Ils étaient presque riches dans un lieu sans dépenses. Leur passe-temps favori, après le souper, était le jeu d'échecs (ponctué d'herbes malicieuses et de whisky). Ils ne semblaient pas à plaindre, les affaires ne roulaient pas trop mal et mon idée de «pureté divine» venait d'en prendre un sacré coup. J'eus soudain l'envie saugrenue de faire à manger à

ces jeunes moines délurés. Après tout, j'étais là pour quelques jours, autant avoir une petite fonction dans le curieux rythme de cette maison.

Je commençai à garnir le garde-manger en allant au marché tous les matins et préparai la mise en place pour le souper du soir avant de m'accorder le reste de la journée en promenade à la recherche de plages isolées. La beauté du paysage que l'on peut admirer du haut des falaises m'invita à parcourir les nombreux sentiers escarpés qui mènent aux criques garnies de plages en demi-lune et serties de bouts de jungle. Chaque jour était un enchantement et je changeai d'itinéraire en poursuivant discrètement les oiseaux dont les couleurs me fascinaient.

Le soir venu, la cuisine s'anima sous mes impulsions gourmandes. Voici les gamelles débordantes de légumes épicés, de riz et de pommes de terre rissolées au gingembre, de «chapatis», pains galettes de blé entier, de gâteaux faits d'amandes et de beurre rance. Dans la religion hindoue, un brahmane mange le repas préparé par d'autres brahmanes. Mais devant mes petits plats, les coutumes religieuses s'évanouissaient l'espace d'un instant et mes moines s'en donnaient à cœur joie.

Dans le sud indien, tout est savoureux et astucieux, strictement végétarien, impérativement pas cher et, bien sûr, furieux d'épices. Le célèbre diététicien Montignac doit au régime sud-indien une grande part de ses théories sur les combinaisons alimentaires pour l'étonnante balance en protéines que procure l'association farine de lentilles-riz ou blé-haricots.

Par intuition, je crois que les épices facilitent la digestion, réchauffent le corps et excitent l'esprit. En manger chaque jour nous aide à circuler dans ce pays de grands contrastes, à mieux le comprendre, transformant un régime qu'on pourrait croire triste à mourir en un grand éclat de rire.

Chaque soir, une fête bruyante secouait la ruelle. Un bruit inhabituel, d'engueulades amicales et de casseroles en désordre, retentissait à la même heure et se répandait dans un nuage d'odeurs enivrantes. Les voisines commençaient à s'interroger. Un jour, au retour du marché, quelle ne fut pas ma surprise de les retrouver, ces charmantes, dans mon repaire, impatientes de me voir exécuter le plat du jour. S'il existait un dieu rouge et blond dans le panthéon indou, j'aurais pu me présenter au casting dans une nouvelle version de *Krishna et ses Gopis*. Dans un brouhaha

total, devant un public hilare, me voici bras et jambes agités, dans la danse cosmique du dieu des saveurs, emporté par un tourbillon de saris.

Je n'oublierai jamais ces moments de grâce. Je venais de quitter mon restaurant de Montréal et sa clientèle de plus en plus sélective et j'arrivais dans la pauvreté qui fait des plus petits gestes un appel d'espoir, du moindre oignon une promesse de repas. L'art de cuisiner se passe de mots dans ces rencontres, la cuisine permet cet échange direct et muet entre des êtres d'horizons complètement différents. On peut dire : je m'ouvre à toi en partageant le même plat.

Dès lors, on m'invita à visiter une bonne moitié des cuisines du village, à côtoyer le monde des femmes, chose inouïe pour un étranger, à apprendre le peu,

l'essentiel, le vital, dans une société aux drames constants. Là-bas, on commence par faire un feu avant de cuisiner quoi que ce soit. Une seule source de chaleur nous donnera à cuire. Tout ce qui passe par la casserole prend le goût de ce qui l'a précédé, et d'un seul jus, on prépare le repas familial. C'est la cuisine du « un pour tous ». J'y ai goûté, c'était puissant et délicieux. On mange avec les mains dans un silence pénétrant. Cette cuisine porte en elle le signe de la patience, du temps qu'il faut pour que les saveurs se déclarent dans une cuisson qui procède davantage par échange que par montage. Presque le contraire de ce que j'avais appris dans ma cuisine de riche.

Épinards au yoghourt (4 pers.)

« Un curry vert onctueux qui vous veut du bien »

2 bottes d'épinards (environ 8 tasses)

5 ml (1 c. à thé) de coriandre en grains

5 ml (1 c. à thé) de piment fort broyé

Huile d'olive

Sel de mer, poivre noir

1 pot de yoghourt nature ferme de type balkan (500 ml ou 2 tasses)

30 ml (2 c. à soupe) de graines de citrouille rôties

Laver et équeuter les épinards. Bien essorer. Dans un poêlon à sec, rôtir les grains de coriandre. Passer au pilon avec un peu de piment broyé. Réserver*.

Cuire très rapidement une poignée de feuilles d'épinards avec un peu d'huile d'olive, relever d'une pincée d'épices rôties et pulvérisées. Assaisonner*. Recommencer l'opération jusqu'à l'épuisement des épinards.

Laisser refroidir à la température ambiante et mélanger ensuite au yoghourt. Parsemer de graines de citrouille grillées avant de servir froid ou chaud selon la saison.

Voici une méthode simple et rapide de cuire les épinards. Ils conservent leur couleur et leurs vitamines en plus de libérer toute leur eau de végétation. Bien égoutter avant de mélanger au yoghourt. Accompagne avantageusement le saumon poché.

Champignons et oignons aux baies de coriandre (4 pers.)

« Des oignons qui ne se mêlent pas de leurs affaires ! »

250 ml (1 tasse) de petits oignons « perle »

1 pincée de sucre

15 ml (1 c. à soupe) de beurre doux

250 ml (1 tasse) de champignons « café »

Huile d'olive

Sel de mer, poivre noir

5 ml (1 c. à thé) de coriandre en grains

5 ml (1 c. à thé) de poivre rose

Quelques brins de jeune roquette

Quelques gouttes de réduction de vinaigre balsamique

Peler les petits oignons et les cuire, en les couvrant d'eau, avec la pincée de sucre et le beurre jusqu'à évaporation complète. Dans une poêle antiadhésive, cuire les champignons entiers avec un peu d'huile d'olive. Assaisonner*. Lorsqu'ils sont cuits, ajouter les baies et les petits oignons. Faire colorer.

Ensuite, hors du feu, mélanger délicatement avec les feuilles de salade et la réduction de vinaigre. Rectifier l'assaisonnement.

Servir en accompagnement de poissons rôtis ou de subtiles viandes blanches.

Même si le poivre rose n'est pas vraiment du poivre, il reste une épice particulièrement florale. Cette baie, qui vient de l'île de La Réunion et qui est produite par un arbre immense qui peut atteindre jusqu'à 15 mètres de haut, est tombée en désuétude depuis quelques années, mais avec la coriandre, elle apporte beaucoup de fraîcheur à ces petits oignons exotiques.

Chou-fleur à l'indienne (6 pers.)

« Un principe de cuisson sans eau applicable à tous les légumes »

1 gros chou-fleur

45 ml (3 c. à soupe) d'huile d'olive ou de beurre clarifié*

3 ml (1/2 c. à thé) de poudre de chili

3 ml (1/2 c. à thé) de coriandre en grains

3 ml (1/2 c. à thé) de curcuma

3 ml (1/2 c. à thé) d'asa-fœtida

1 petit oignon haché

2 gousses d'ail haché

1 petit piment fort (sans les graines) haché

10 ml (2 c. à thé) de gingembre frais haché

1 tomate émondée* et coupée en brunoise*

30 ml (2 c. à soupe) de coriandre fraîche équeutée

Détailler le légume en petits bouquets. Le sauter vivement à la poêle. Lorsqu'il commence à colorer, ajouter les condiments hachés et les épices, couvrir et diminuer le feu.

Quand le chou est cuit, disposer dans un plat parsemé de dés de tomates émondées et de pluches de coriandre fraîche.

Servez ces légumes sur un riz basmati cuit à blanc sans aucun assaisonnement. C'est le principe indien du végétarisme : des currys enflammés mais tempérés par un aliment neutre et absorbant. L'asa-fœtida est une épice relativement rare en Occident. Elle est couramment utilisée en Orient pour lutter contre les flatulences, mais c'est surtout son goût âcre et prononcé qui la rend si intéressante. On la trouve dans toutes les épiceries indiennes.

Lentilles aux tomates séchées (6 pers.)

« Le monde devient petit... comme une lentille »

15 ml (1 c. à soupe) d'ail haché

1 gros oignon haché

15 ml (1 c. à soupe) de gingembre frais haché

2 petits piments forts (sans graines) hachés

Huile d'olive

5 ml (1 c. à thé) de cumin entier

5 ml (1 c. à thé) de coriandre en grains

500 ml (2 tasses) de lentilles du Puy de Dôme

65 ml (1/4 tasse) de tomates séchées

Sel de mer et poivre noir du moulin

5 ml (1 c. à thé) de paprika

3 ml (1/2 c. à thé) de poudre de chili

Quelques feuilles de coriandre fraîche

Faire revenir l'ail, l'oignon, le gingembre et les piments dans un peu d'huile d'olive. Ajouter le cumin et les grains de coriandre. Cuire encore 2 ou 3 minutes, puis verser les lentilles, préalablement rincées, et les tomates séchées. Couvrir d'eau en dépassant d'un bon tiers le niveau des lentilles.

Au premier bouillon, réduire le feu en prenant soin d'assaisonner* légèrement (gare à la réduction) et d'ajouter les poudres de paprika et de chili. Attention à ne pas détruire les légumineuses en les « touillant » trop souvent.

Si l'on craint de brûler le fond de la casserole, on peut finir la cuisson au four à 180 °C (350 °F) durant 45 minutes (si l'on désire poursuivre la cuisson sur le feu, le réduire au minimum et laisser cuire une bonne heure). Au sortir du four, parsemer de quelques feuilles de coriandre.

En Orient, il est habituel de servir les lentilles avec un peu de crème sûre que l'on pose sur le dessus du plat. Cette opération a pour but de « rafraîchir » et de colorer ce curry flamboyant. Pour ma part, j'ai voulu garder l'essentiel de ce plat simplissime, servi dans toutes sortes d'endroits, du cinq étoiles au plus sombre troquet de gare.

Les lentilles du Berry et du Puy de Dôme sont un patrimoine de l'humanité. Elles ont la finesse d'une tête d'épingle et le goût léger des marrons rôtis. De plus, elles cuisent en un rien de temps.

Pommes sautées « Madras » (6 pers.)

« L'humble tubercule au soleil des épices »

5 ml (1 c. à thé) de cumin entier

5 ml (1 c. à thé) de coriandre en grains

5 ml (1 c. à thé) de poudre de chili

5 ml (1 c. à thé) de curcuma

900 g (2 livres) de pommes de terre rouges cuites

45 ml (3 c. à soupe) d'huile d'olive

1 gros oignon rouge haché

30 ml (2 c. à soupe) d'ail haché

1 petit piment fort (sans les graines) haché

15 ml (1 c. à soupe) de gingembre haché

Sel de mer et poivre noir

Quelques feuilles de coriandre fraîche

Rôtir légèrement le cumin et la coriandre en grains. Passer ensuite au pilon et broyer très finement. Ajouter les poudres de chili et de curcuma. Réserver*.

Peler les pommes de terre encore tièdes, si possible. Les couper en cubes égaux de 2 à 3 cm de côté. Poêler les pommes de terre à l'huile d'olive. Lorsqu'elles commencent à colorer, ajouter l'oignon, l'ail, le piment et le gingembre. Saupoudrer des épices réservées et assaisonner de sel et de poivre.

Poursuivre la cuisson quelques minutes afin de bien colorer l'ensemble.

Servir avec des feuilles de coriandre.

Il faut être prudent avec la garniture aromatique (oignon, ail, gingembre, piment) qui, si elle est coupée très finement, aura tendance à brûler avant que les pommes de terre ne soient bien rissolées. Les ajouter vraiment en fin de cuisson avec les épices. J'appelle cette garniture mes « quatre mousquetaires », tant ils sont efficaces pour allumer la moindre bagarre de papilles.

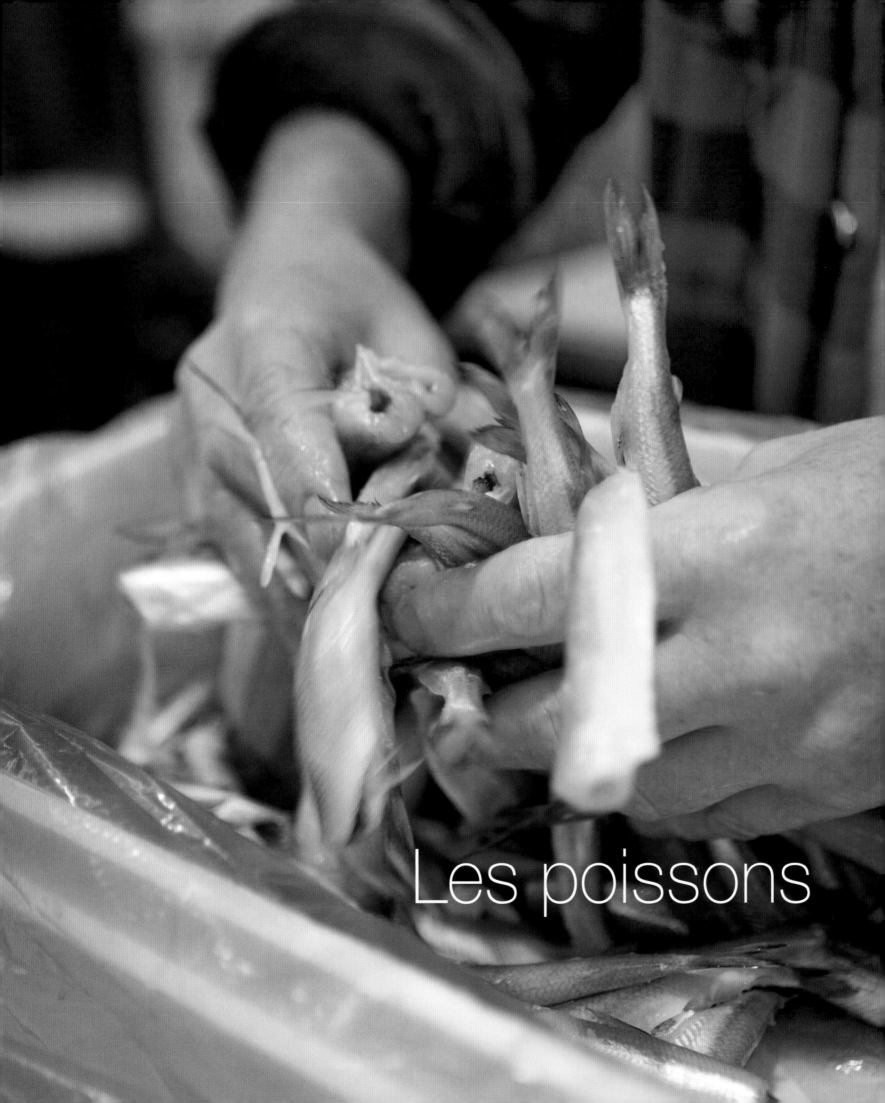

Les poissons

La casserole « Alentejana »

Il est une manière unique au Portugal de consommer le poisson mêlé au chouriço (saucisson typique fait de viande marinée dans le vin) avec notamment des pommes de terre et des haricots blancs. Le tout est placé dans un contenant de terre cuite, scellé d'un morceau de pain, que l'on enfourne durant près de 1 heure. Une cuisson à la paresseuse, en quelque sorte, où c'est le four qui travaille pendant que vous chantez des mélopées portugaises pour séduire votre invité(e), à moins que ce ne soit pour favoriser la réunion spirituelle des ingrédients dans le fond de la casserole.

Voici un plat simple témoignant du caractère unique de ce peuple mélancolique. J'ai toujours eu beaucoup de sympathie pour les Portugais, marins exceptionnels,

dont la simplicité et la gentillesse sont touchantes. Passer quelques jours dans ce pays, c'est faire un retour vers l'humain dans toute sa chaleur. Avec la modestie innée des gens de mer, ils avancent dans une Europe où ils furent un peu oubliés jusqu'à la moitié du siècle dernier. Une grande révolution, criblée d'œillets rouges, les a tranquillement sortis de leur isolement économique et politique, tandis que l'unification monétaire européenne achevait d'amener le Portugal dans le giron des nations socialement très avancées.

Il n'y a que devant la partie de football qu'ils s'énervent, le dimanche, au café, dans leur belle chemise blanche. Tout le pays semble plongé dans une grande nervosité, alors que les femmes confectionnent les croquettes de morue dessalée aux pommes de terre

qui répandent cette odeur unique de friture et de poisson. Une grande clameur soulève l'assistance, non ce n'est pas encore le but, mais goûtez donc, cher ami, dans la cour arrière, à ces sardines grillées et fourrées dans un pain de maïs légèrement rôti. Merveilleux sandwich avec un claquant Vinho Verde (vin blanc picoté). Ambiance garantie ! Ils pleureront dans la défaite et davantage dans la victoire, c'est comme ça là-bas, tout est prétexte à la « saudade ».

Mais revenons à notre casserole. Ce qui me fascine dans ce plat rustique, c'est la méthode. Le montage, la cuisson et finalement la présentation. On prépare, on discute, on déguste. Quel moment unique lorsqu'on libère tous ces parfums contenus en cassant la croûte isolatrice devant nos invités. Quel soulagement de voir

s'échapper en volutes parfumées cet échange « terre et mer » relevé d'épices ! Comme on est tenté de rêver le monde à l'image de cet humble repas… Tous dans le même bouillon, mais chacun son identité. À l'image d'un manteau d'arlequin fait d'étoffes disparates, tissu solidaire, où chaque couleur tient sans se diluer dans l'autre.

Le contraire de la culture « blender ». Chacun apporte de quoi nourrir l'autre sans en décolorer les particularités. Un grand jeu sans enjeu, si ce n'est de rendre cette planète plus belle encore avec ses différences essentielles.

Bar noir au four (4 pers.)

« Au hasard du feu, ou comment cuire un secret »

1 petit chouriço

1 oignon rouge

2 gousses d'ail

4 pommes de terre rouges

15 ml (1 c. à soupe) de pâte de tamarin

500 ml (2 tasses) de fumet de poisson**

454 g (1 livre) de haricots blancs cuits

2 petites tomates émondées* en brunoise*

1 pincée de pistils de safran

200 ml (6,8 oz) de vin blanc sec

4 filets de bars noirs (avec la peau)
  de 225 g (1/2 livre) chacun

115 g (1/4 livre) de pâte à pizza**

Sel de mer et poivre noir du moulin

Tronçonner le chouriço en rondelles de 1 cm d'épaisseur et les faire légèrement colorer à la poêle durant 3 à 4 minutes. Ajouter l'oignon et l'ail finement émincés en fin de cuisson et cuire encore deux minutes.

Peler et couper les pommes de terre en cubes de 2 à 3 cm de côté. Dans un récipient qui ira au four, en terre cuite de préférence et muni d'un couvercle (sinon une casserole et son couvercle), délayer la pâte de tamarin à l'aide du fumet de poisson. Si l'on n'a pas de fumet sous la main, utiliser de l'eau. Ajouter les pommes de terre et le chouriço avec les oignons.

Parsemer de haricots cuits et de tomates. Assaisonner* et allonger avec le vin blanc. Juste avant de fermer le récipient, joindre le safran au bouillon et poser les filets de poissons sur la garniture, côté peau vers soi. Abaisser* la pâte à pizza au rouleau à 1/2 cm d'épaisseur et couper des bandes de pâte de 3 à 4 cm de largeur.

Sceller le plat à l'aide de ces bandes en longeant le couvercle et enfourner durant 40 minutes dans un four préalablement chauffé à 190 °C (375 °F). Ce temps de cuisson peut légèrement varier selon la taille des poissons, mais il faut se fier à la belle couleur de la pâte, un beau doré foncé. Libérer le couvercle à table devant les convives.

Le bar noir, relativement peu cher pour la qualité indéniable de cette espèce, est de plus en plus présent sur nos marchés. C'est l'un des derniers poissons sauvages à être encore facilement disponible. Pour vous faciliter la tâche, demandez à votre poissonnier de lever les poissons en filets en conservant la peau (la partie la plus goûteuse) et en n'oubliant pas d'emporter les arêtes qui vous donneront l'occasion de faire un très bon fumet.

Pétoncles à l'orange et au beurre de gingembre (4 pers.)

« Une saisie de coquillages dans un beurre de légumes moelleux »

12 noix de coquilles Saint-Jacques
   moyennes (pétoncles)

Huile d'olive

Sel de mer, poivre noir du moulin

2 oranges

100 ml (3,4 oz) de jus d'orange

3 ml (1/2 c. à thé) de cumin entier

12 jeunes carottes épluchées (les plus
   fines possible)

200 ml (6,8 oz) de vin liquoreux

15 ml (1 c. à soupe) de gingembre haché

60 ml (4 c. à soupe) de beurre doux à la
   température ambiante

Quelques feuilles entières de basilic

Rincer et sécher les noix de pétoncles dans un linge. Les placer sur une assiette et les badigeonner légèrement d'huile d'olive, assaisonner* et réserver 20 minutes à la température de la pièce avant la cuisson (voir plus bas).

Peler les oranges à vif (afin de débarrasser les quartiers de toutes pelures et membranes) en ayant pris soin de prélever quelques zestes sur l'une d'entre elles. Bien presser sur les membranes afin de récupérer tout leur jus. Hacher finement les zestes et réserver*. Filtrer le jus rendu par les oranges, ajouter le demi-verre de jus d'orange et les grains de cumin.

Cuire les carottes dans ce liquide, à feu doux et à couvert, jusqu'à ce qu'elles atteignent une texture très fondante (au moins 15 minutes), retirer du feu et récupérer le jus restant. Joindre à ce jus le verre de vin liquoreux, le zeste d'orange et le gingembre hachés et faire réduire* à feu vif.

Pendant la réduction, chauffer une poêle antiadhésive et colorer les noix de pétoncles à feu soutenu (elles doivent griller sans cuire tout à fait, pas plus d'une minute de chaque côté) et placer dans une assiette creuse. Elles donneront un peu de jus que l'on ajoutera à la réduction.

Monter* la sauce avec le beurre au moment où il ne reste que 30 ou 45 ml (2 ou 3 c. à soupe) de réduction d'orange.

Dresser les assiettes chaudes avec les noix de pétoncles et les carottes (que l'on peut passer au four quelques secondes pour les garder bien chaudes). Déposer les feuilles entières de basilic qui ramolliront et s'épancheront au contact des noix de pétoncles et des carottes.

Il faut se méfier des énormes noix de pétoncles d'une blancheur suspecte et très brillantes. Elles sont parfois « gonflées » aux polyphosphates. On en perd la moitié du volume à la cuisson. La meilleure source de ce coquillage est sans contredit la région de l'Atlantique Nord ; la noix U-10 de Boston est l'une de mes préférées.

Filets de sole à la vinaigrette de pétoncles fumés (4 pers.)

« Le meilleur poisson du monde »

2 soles de Douvres en filets (préparés par
le poissonnier, demander les arêtes)

125 ml (1/2 tasse) de fumet de poisson**

65 ml (1/4 tasse) de crème 35 %

15 ml (1 c. à soupe) de moutarde forte

45 ml (3 c. à soupe) d'huile de noix

8 pétoncles fumés (voir recette page 124)

2 poignées de salade de mâche

2 brins d'origan frais

Quelques cerneaux de noix pour décorer

Enrouler largement les filets de sole sur eux-mêmes et les maintenir dans cette forme d'anneau à l'aide d'un cure-dents. Ils offrent ainsi une cavité qui fait penser à un petit puits. Réserver* dans un plat allant au four préalablement beurré.

Avec les arêtes, faire un bon fumet. En prélever 125 ml (1/2 tasse) et verser sur les filets de sole. Couvrir d'un papier d'aluminium et cuire au four durant 8 minutes à 180 °C (350 °F). Réserver à couvert.

Monter* la vinaigrette avec la crème à laquelle on ajoute la moutarde, bien remuer, et verser l'huile de noix petit à petit. Découper les coquillages fumés en très fines duxelles* et ajouter à la vinaigrette.

Dresser quelques feuilles de mâche sur les assiettes tièdes, égoutter délicatement les filets de sole et poser sur la salade.

Retirer le cure-dents et placer une bonne cuillère de vinaigrette au centre des filets, de façon à bien remplir les petits «puits» de sole. Déborder généreusement. Finir avec quelques feuilles d'origan et des cerneaux de noix de Grenoble rôties.

Parfois difficiles à trouver et hors de prix, les soles sont les vedettes des marchés aux poissons. Ce plat demande un peu de patience et de dextérité, mais l'ensemble est fondant et très subtil en bouche. Pour les grandes occasions…

Pétoncles fumés aux épices

« Fumés à l'indienne »

8 pétoncles

60 ml (4 c. à soupe) de feuilles de curry séchées (voir p. 153)

15 ml (1 c. à soupe) de baies de cardamome

5 ml (1 c. à thé) de clous de girofle

5 ml (1 c. à thé) de bâtons de cannelle écrasés

5 ml (1 c. à thé) de grains de coriandre

15 ml (1 c. à soupe) de sucre brun

Assaisonner les pétoncles de sel et placer au frais durant 1 heure. Réunir des feuilles de curry séchées, des gousses de cardamome entières, des clous de girofle, des bâtons de cannelle et des grains de coriandre dans le fond d'un wok garni d'un papier d'aluminium. La variété et la quantité de chaque épice sont laissées à l'improvisation. Parsemer une cuillère à soupe de sucre sur les épices. Fermer le wok et partir à grand feu. Après 5 minutes de fumage, diminuer le feu et placer une grille sur laquelle on posera les pétoncles. Couvrir et laisser fumer 5 minutes à feu doux.

À essayer avec du saumon ou des filets de maquereau sur une salade de betteraves.

Cette façon de fumer des aliments à la maison est vraiment simple et efficace. Elle permet de les parfumer délicatement sans cuisson. On peut également fumer au thé vert, à la lavande séchée et aux copeaux d'érable.

Morue charbonnière à l'émulsion orangée d'oursins (4 pers.)

« L'un des rares poissons pêché au casier, une capture exemplaire »

12 oursins

Gros sel

454 g (1 livre) de filet de morue charbonnière

Sel de mer, poivre noir du moulin

3 oranges

2 échalotes grises très finement hachées

200 ml (6,8 oz) de vin de Muscat (Grèce ou Italie)

225 g (1/2 livre) de beurre doux à la température ambiante

Quelques brins de romarin (facultatif)

À l'aide d'une paire de ciseaux, décaloter la partie supérieure des oursins (à la manière d'un œuf à la coque) de façon à les vider tout en préservant la forme ronde si délicate de ce fruit de mer. Prélever le corail (la partie jaune tirant parfois sur l'orange) à l'aide d'une cuillère à café et le passer sous l'eau froide afin d'éliminer toutes les particules brunâtres indésirables.

Bien vider les coquilles (conserver l'eau de mer) et les nettoyer très méticuleusement tout en préservant les épines (qui sont très fragiles). Bien égoutter. Placer ces réceptacles sur un lit de gros sel au creux de chaque assiette. Réserver*.

Détailler le poisson en cubes de 5 cm de côté et placer sur une tôle légèrement beurrée. Assaisonner de sel et de poivre, d'un zeste d'orange finement haché et de la moitié des échalotes. Recouvrir d'un papier d'aluminium beurré et enfourner à 180 °C (350 °F) durant 10 minutes (vérifier la cuisson en pressant légèrement du bout des doigts : si les feuillets du poisson cèdent sous la pression, le poisson est cuit).

Peler les oranges à vif à l'aide d'un couteau très finement aiguisé. Récupérer le jus des oranges et réserver les suprêmes. Faire réduire la même quantité de vin liquoreux et d'eau de mer contenue dans les oursins (qu'on aura filtrée au chinois extra fin) additionnée du

jus d'orange réservé. Ajouter l'échalote restante et le jus rendu par le poisson qui vient d'être cuit. Lorsque les trois quarts du liquide se sont évaporés (il doit rester 30 ou 45 ml (2 ou 3 c. à soupe) de liquide), ajouter le beurre petit à petit en tournant la casserole sans cesse comme on le ferait pour un beurre blanc**. Ajouter les coraux et réserver près du fourneau afin de les faire infuser quelques minutes.

Monter, dans le creux des oursins, les morceaux de morue enchevêtrés de coraux. Déposer sur chacun des fruits de mer quelques suprêmes d'orange. Passer une minute au four et, juste avant de servir, saucer généreusement en ajoutant avec humour quelques « épines » de romarin.

Les oursins sont un véritable trésor du Saint-Laurent, il n'y a qu'à les ramasser. Ce produit est cependant encore trop rare sur nos étals. Manger un oursin est toujours synonyme de grande émotion pour moi. Une grande puissance gustative et une texture très fondante.

Flétan au chou, sauce bordelaise (6 pers.)

« Y a pas que les bébés qui naissent dans les choux »

1,4 kg (3 livres) de filet de flétan du Pacifique

1 chou frisé

225 g (1/2 livre) de lard fumé en très fines tranches

45 ml (3 c. à soupe) de beurre doux à la
température ambiante

Sel de mer, poivre noir du moulin

225 g (1/2 livre) de moelle de bœuf dégorgée*

250 ml (1 tasse) de fond de veau**

150 ml (5 oz) de Porto rouge

12 croûtons pris dans une baguette

3 échalotes grises finement hachées

10 ml (2 c. à thé) de thym frais émietté

Tronçonner le flétan en six tranches. Prélever six belles feuilles de chou et les blanchir* à grande eau légèrement salée. Plonger les feuilles dans l'eau froide et égoutter. Sécher dans un linge. Ôter les côtes de chaque feuille de chou, à l'aide d'un petit couteau, afin de les rendre plus souples. Sur un linge, étendre quatre tranches de lard en les alignant de façon à former un rectangle. Placer une feuille de chou blanchi dessus et un morceau de poisson au centre. Poivrer et emballer soigneusement le «baluchon» sans laisser apparaître le chou. Maintenir au besoin par un cure-dents. Préparer cinq autres portions de la même manière. Réserver*.

Émincer finement le chou restant et l'étuver* avec la moitié du beurre dans une casserole à fond épais, sous couvert avec un peu d'eau (un verre, soit 200 ml ou 6,8 oz). Assaisonner*. Cette cuisson devrait prendre 15 à 20 min à feu très doux ; ajouter un peu d'eau en cours de cuisson afin d'éviter une coloration trop vive.

Allumer le four à 200 °C (400 °F). Placer les poissons habillés dans un plat allant au four, à découvert, et cuire environ 15 minutes. Le lard devrait prendre une belle couleur rôtie. Utiliser le grill au besoin.

Durant la cuisson du poisson, blanchir* la moelle de bœuf, préalablement émincée, dans un peu d'eau salée. Attention à ne pas surcuire, la moelle de bœuf a tendance à fondre rapidement. Sortir le plat du four et réserver le poisson au chaud recouvert d'un papier d'aluminium. Porter le fond de veau et le Porto à ébullition. Laisser réduire de moitié à grand feu puis monter* la sauce avec le beurre restant et le jus rendu par les baluchons en attente.

Placer la moelle sur les croûtons, parsemer d'échalotes hachées crues et de quelques feuilles de thym. Monter sur des assiettes chaudes en commençant par le chou étuvé, en prenant bien soin de l'égoutter. Placer harmonieusement le poisson et les croûtons ainsi qu'une larme de réduction au Porto.

Une recette qui plaira à ceux qui ne sont pas des grands amateurs de poisson. Le flétan est à son meilleur en septembre, lorsqu'il vient du Pacifique. C'est un véritable délice qui se détaille souvent en filet dans le commerce, facilitant la cuisson et la dégustation.

Saumon à la citronnelle, asperges et peau caramélisée (4 pers.)

« Prétexte à la peau »

680 g (1 1/2 livre) de filet de saumon bio
(avec la peau)

30 ml (2 c. à soupe) d'huile de sésame

30 ml (2 c. à soupe) de sauce Teriyaki

15 ml (1 c. à soupe) de graines de sésame rôties

1 bâton de citronnelle

200 ml (6,8 oz) de vin blanc liquoreux

225 g (1/2 livre) de beurre doux

2 bottes d'asperges blanches

Sel de mer et poivre noir

S'assurer que la peau du saumon est bien écaillée et les arêtes du poisson bien ôtées. Retirer la peau du saumon. Étendre sur cette dernière un peu d'huile de sésame et de sauce Teriyaki. Enfourner à 120 °C (250 °F) durant 2 à 3 heures : la peau devrait être assez croquante.

Laisser refroidir sur un papier absorbant et couper ensuite en lanières au ciseau. Parsemer de graines de sésame rôties (que l'on fera adhérer en badigeonnant les « lanières » d'un peu de sauce Teriyaki). Réserver*.

Émincer le bout d'un bâton de citronnelle (la partie la plus tendre) en fines demi-rondelles et les cuire dans le vin liquoreux jusqu'à ce qu'il ne reste que 15 ml (1 c. à soupe) de liquide. Monter au beurre comme on le ferait pour un beurre blanc** et réserver au chaud.

Éplucher les asperges, les cuire quelques minutes en eau salée et les rafraîchir tout de suite en eau glacée. Réserver sur une tôle en les alignant et recouvrir d'un papier d'aluminium.

Trancher le saumon en parts égales. Assaisonner* et cuire d'un seul côté dans une poêle bien chaude. Cette opération ne devrait pas prendre plus de 1 ou 2 minutes. Ajouter aux asperges. Réchauffer au four (3 à 5 minutes) et monter les assiettes. Surmonter de la julienne de peau caramélisée. Servir avec une cuillerée de beurre de citronnelle.

Ne pas hésiter à poser des questions à votre poissonnier car le saumon fait aujourd'hui l'objet de bien des trafics. L'espèce sauvage est trop rare pour que je la mentionne. Il faut donc prendre son parti de la culture intensive de ce poisson noble. Préférer toujours les saumons élevés biologiquement. Ceux d'Écosse sont particulièrement fins.

Un herbier en Provence

Qui n'a pas rêvé d'un mas en Provence, sous le soleil doux en hiver, éclatant en été ? Cette terre semble en effet élue du dieu des jardiniers. Plantez-y n'importe quoi, asseyez-vous et patientez. J'exagère, bien sûr, mais la région invite à tous les débordements. J'ai arpenté dans ma jeunesse les chemins de l'arrière-pays niçois. J'adorais la randonnée en solitaire, marchant durant des semaines, appréciant les odeurs d'herbes sauvages remuées par le vent chaud venant de la mer. La photo était mon prétexte. Il fallait partir dans le bleu du petit matin, chercher la lumière, jouer avec elle, parfois l'attendre, la devancer.

Ces départs étaient délicatement parfumés de jasmin, de romarin, de thym, de lavande (que l'on peut utiliser avec bonheur en cuisine). Je découvris la Provence par d'étroits sentiers fréquentés par les bergers et leur troupeau lors de la transhumance annuelle. Un baluchon contenant un morceau de pain, un peu de fromage de chèvre, des olives noires et un petit flacon de vin rouge du pays, déballé près d'un ruisseau sous le soleil de midi, et mon déjeuner devenait royal. J'arrachais au passage quelques herbes pour agrémenter mon repas. Ces ponctuations ne manquaient pas d'évoquer, dans mon esprit de cuisinier toujours en éveil, des plats qui allèrent me hanter pour le reste de ma vie :

- La marjolaine, suave et florale, pour un consommé de volaille.

- La coriandre fraîche et légèrement acide irait tout droit vers les poissons marinés.

- Le thym, roi des chemins provençaux, allié avec le citron et l'ail, couvrirait le rôti d'agneau.

- Le romarin, qui forme des haies séparant les propriétés, rehausserait quelques pommes de terre sautées à la graisse de canard.

- La lavande en infusion dans la crème anglaise accompagnant à merveille les desserts pralinés.

- L'estragon dans un beurre blanc, qui avec l'échalote détend un plat de coquilles Saint-Jacques sautées.

- L'incontournable basilic et les pâtes à la tomate empruntées aux Italiens, maîtres de la cuisine « à la paresseuse », simple et toujours savoureuse.

- La ciboulette avec le fromage blanc et quelques radis pour une tartine rafraîchissante dans la canicule du mois d'août.

- La menthe dans une vinaigrette accompagnant un blanc de poireau longuement étuvé, dans un fond de poulet.

- L'aneth, imprimé dans une crêpe accueillant une fine tranche de saumon fumé.

- Le persil, très finement haché en infusion lente dans une huile d'olive de première qualité, une sauce pour poissons délicats ne supportant que la cuisson-vapeur.

- La sauge, difficile à placer, fera un tabac sur les « piccatas » au jambon de Parme.

- La citronnelle, finement velue, dont j'aime la fragrance, que je rapproche naturellement de la rivière.

- Le cerfeuil, presque disparu, dont ma mère faisait d'étonnants potages et dont on peut extraire un jus corsé pour relever des mayonnaises et des vinaigrettes.

On ne saurait trop insister sur l'importance des fines herbes. Je pense que c'est même la première chose que j'ai apprise en cuisine. Elles sont le complément naturel des épices, leur version douce en quelque sorte. Un couple parfait, ces deux-là. Merveilleusement complémentaires et pourtant si différents.

Escalope de saumon à la moutarde (4 pers.)

« Un parfum de rivière »

2 bonnes poignées d'herbes fraîches (voir p. 135)

60 ml (4 c. à soupe) d'huile d'olive extra vierge

1 citron

Sel de mer, poivre noir du moulin

30 ml (2 c. à soupe) de moutarde en grains (genre moutarde de Meaux)

454 g (1 livre) de filet de saumon bio (d'une pièce)

Équeuter les herbes, les laver, les essorer, puis les hacher au couteau sur une planche en bois. Réduire ainsi en fine purée à laquelle on ajoutera un filet d'huile et le jus d'un demi-citron. Assaisonner* et réserver*. Dans un petit bol, réunir la moutarde, 30 ml (2 c. à soupe) d'huile d'olive et le jus de l'autre demi-citron. Mélanger, poivrer et réserver.

Étendre le poisson sur la table de travail, la partie bombée vers soi. Le couper en deux parties égales dans le sens de la longueur. À l'aide d'un couteau tranchant, dans l'épaisseur, séparer chaque morceau en deux escalopes. On devrait avoir quatre escalopes de 1 cm d'épaisseur environ.

Dans une poêle en téflon préchauffée et non graissée, saisir très rapidement les tranches de poisson assaisonnées (quelques secondes d'un seul côté) et placer bien au centre des assiettes légèrement chauffées, côté grillé vers le haut. Tartiner de la moutarde préparée et tracer deux traits de purée d'herbes de chaque côté des escalopes. Servir tout de suite.

Ne pas hésiter à préparer une bonne quantité de cette purée verte. Agréable dans le riz et sur les pâtes, cette courte sauce permet d'assaisonner avec fraîcheur quelques pommes de terre cuites à la vapeur et servies tièdes. Parmi les herbes suggérées pour cette recette : persil, coriandre, ciboulette, basilic, estragon et aneth. Les moins recommandées sont le romarin, le thym, la menthe, la sauge et la marjolaine.

Raie à l'huile de cerfeuil, deux pommes de terre (4 pers.)

« L'ange planant des sables, assaisonné d'une herbe presque oubliée »

680 g (1 1/2 livre) de raie en filet

2 pommes de terre Yukon Gold

2 patates douces

60 ml (4 c. à soupe) de graisse de canard

250 ml (1 tasse) de petits oignons « perle »

1 litre (4 tasses) de fumet de poisson**

125 ml (1/2 tasse) d'huile d'olive extra vierge

1 pincée de sucre

1 poignée de cerfeuil

1 citron pressé

Sel de mer, poivre noir du moulin

Faire lever les filets des raies par le poissonnier en lui demandant de récupérer les arêtes. Avec ces dernières, réaliser un bon fumet de poisson. Très riches en gélatine, les arêtes de raie font d'excellents fumets.

Peler les deux pommes de terre et les escaloper en tranches de 1/2 cm d'épaisseur. Exécuter la même opération pour les patates douces. Poser sur une tôle légèrement enduite de graisse de canard en alternant les couleurs. Assaisonner et recouvrir d'un papier d'aluminium enduit également de graisse de canard. Cuire au four à 180 °C (350 °F) durant 20 à 30 minutes. Les pommes de terre doivent être cuites et caramélisées.

Durant ce temps, peler et cuire les petits oignons, 15 minutes sur un feu moyen, dans la moitié du fumet de poisson ou la même quantité d'eau. Ils doivent êtres très fondants. Égoutter et colorer légèrement à la poêle à l'aide d'une goutte d'huile d'olive. Lorsqu'ils prennent une jolie couleur blonde, ajouter une pincée de sucre et réserver* avec les pommes de terre.

Laver le cerfeuil et bien l'essorer. Le placer dans le fond du mélangeur, recouvrir d'huile d'olive et du jus de citron, assaisonner et actionner afin d'obtenir une fine émulsion d'un vert profond. Réserver.

Au moment de servir, porter une casserole au feu avec le reste du fumet ou la même quantité d'eau. Y cuire rapidement les filets de raie en les plongeant dans le liquide bouillant. Au retour de l'ébullition, réduire le feu et compter 2 minutes de cuisson. Égoutter dans les assiettes sur les pommes de terre et les petits oignons qu'on aura réchauffés au four quelques minutes. Verser une belle cuillerée d'émulsion de cerfeuil à côté.

Le poisson préféré des bistrots, très abordable et rapide à cuire. Veiller à acheter des espèces moyennes : trop petites, elles sont difficiles à fileter, trop grosses, elles sont moins soyeuses en bouche.

Raviolis de crabe,
sauce Nantua à la cannelle (donne 40 pièces)

« Une note chaude pour ce seigneur des neiges »

Pour la pâte

225 g (1/2 livre) de semoule de blé dur

115 g (1/4 livre) de farine blanche

6 jaunes d'œufs

Sel fin, filet d'huile d'olive

Pour la farce

225 g (1/2 livre) de chair de crabe des neiges

30 ml (2 c. à soupe) de chapelure

Quelques brins de ciboulette ciselée*

30 ml (2 c. à soupe) de persil haché

1 gros oignon

5 ml (1 c. à thé) de beurre doux

Préparer la pâte la veille si possible en réunissant les farines, les jaunes d'œufs, l'huile d'olive et le sel. Pétrir en ajoutant un peu d'eau froide. Lorsque la pâte se détache facilement des mains, envelopper dans un film plastique et placer au frais (2 heures minimum).

Après en avoir bien exprimé l'eau, émietter le crabe. Ajouter la chapelure, la ciboulette et le persil. Hacher finement l'oignon, le faire suer* dans le beurre et l'ajouter à la farce. Bien mélanger et réserver* au frais.

Durant la cuisson de la sauce (voir page 140), abaisser la pâte en bandes très fines. Confectionner les raviolis en prenant soin de ne laisser aucune poche d'air entre les pâtes (voir photo). Détailler et poser chaque ravioli sur une plaque farinée ou, mieux encore, sur une surface de moustiquaire. Porter une grande casserole d'eau à ébullition et, au moment de servir, plonger les raviolis durant 1 à 2 minutes. Égoutter et beurrer. On peut éventuellement rouler les pâtes dans du persil haché pour leur donner une note de fraîcheur. Servir en assiette creuse avec une bonne louche de sauce.

C'est le mélange des deux farines qui donne toute sa souplesse à cette pâte très polyvalente. Elle se conserve très bien au congélateur. Il est recommandé de la laisser reposer au moins une heure au frais avant de la travailler. On peut utiliser un des laminoirs à pâte qu'on trouve facilement en épicerie italienne, afin d'obtenir une abaisse aussi fine que possible.

Raviolis de crabe,
sauce Nantua à la cannelle

Pour la sauce

Sel de mer et poivre du moulin

1 oignon

2 carottes

2 branches de céleri

1 brin de thym

1 feuille de laurier

Quelques queues de persil

2 gros tourteaux ou 2 homards moyens
(dont on récupérera les chairs pour une
autre recette)

200 ml (6,8 oz) de vin blanc sec

1 bâton de cannelle

125 ml (1/2 tasse) de concentré (pâte)
de tomate

125 ml (1/2 tasse) de crème 35 %

1 goutte de Cognac ou Brandy (facultatif)

Dans une grande casserole d'eau bouillante, plonger les légumes et les aromates. Assaisonner*. Au retour du bouillon, ajouter les crabes ou homards. Cuire 8 minutes – pour des crustacés ne dépassant pas 680 grammes (1 1/2 livre). Égoutter.

Décortiquer tiède, en réservant les chairs, et replacer les carapaces dans leur jus en ajoutant le vin blanc. Rajouter de l'eau afin que le liquide couvre légèrement les parures*. Parfumer d'un bâton de cannelle brisé en morceaux et colorer la bisque à l'aide du concentré de tomate. Laisser cuire à faibles bouillons durant 2 heures.

En fin de cuisson, passer la sauce au chinois et ajouter la crème. Réduire* la sauce jusqu'à l'obtention d'une légère texture. On peut ajouter à ce moment la goutte de Cognac.

Il faut, autant que possible, utiliser du crabe frais (les carapaces renforceront la sauce). Patience n'aura jamais été si bien récompensée (les blocs de chair de crabe décortiqué vendus dans le commerce manquent vraiment de saveur et contiennent encore de nombreux cartilages).

Feijoada de homard (6 pers.)

« L'alliance des classes »

1 gros oignon

1 poireau

2 branches de céleri

3 carottes

4 gousses d'ail

1 branche de thym

1 feuille de laurier

Sel de mer et poivre noir du moulin

3 homards de 680 g (1 1/2 livre) chacun

1 petite boîte de concentré (pâte) de tomate

1 bâton de cannelle

60 ml (4 c. à soupe) d'huile d'olive

10 ml (2 c. à thé) de gingembre haché

6 tomates émondées*

710 ml (3 tasses) de haricots noirs (black turtle)

5 ml (1 c. à thé) de paprika

5 ml (1 c. à thé) de poudre de chili

Porter une grande casserole d'eau à bouillir. Ajouter un demi-oignon, le vert du poireau, les branches de céleri, les carottes, deux gousses d'ail entières coupées en deux, la branche de thym et la feuille de laurier. Saler et poivrer. Au retour de l'ébullition, plonger les homards vivants et les cuire durant 8 minutes. Égoutter et laisser refroidir. Prélever la chair des pinces et de la queue. Réserver*. Enlever la moitié de l'eau de cuisson et la remplacer par de l'eau fraîche (afin d'éviter qu'en réduisant, la préparation ne gagne pas en sel).

Hacher les coffres des crustacés grossièrement au couteau et placer dans le bouillon allongé. Ajouter la tomate concentrée et la cannelle. Cuire à faibles bouillons durant 2 heures.

Dans une casserole à fond épais, à l'huile d'olive, faire revenir le blanc de poireau émincé. Ajouter l'autre moitié de l'oignon, deux gousses d'ail et le gingembre, le tout finement haché. Verser les tomates détaillées en gros cubes, les haricots noirs et mouiller du fond

de homard. Ajouter les poudres de paprika et de chili. Cuire sur un feu très doux et à couvert jusqu'à ce que les fèves soient fondantes (environ 2 à 3 heures) ou au four à 150 °C (300 °F) avec un couvercle (une demi-heure de moins). Servir avec la chair de homard décortiquée.

On peut, avec audace, servir un petit chouriço grillé avec cette délicieuse casserole.

Il est toujours très utile d'utiliser une casserole à pression pour ce genre de recette. La cuisson est écourtée de moitié et les haricots restent toujours entiers et fondants.

Homard au sauternes et gingembre (4 pers.)

« Le détour en Orient du cardinal des mers »

125 ml (1/2 tasse) de gingembre émincé
  en fine julienne*

400 ml (13,5 oz) de vin de Sauternes

2 homards cuits de 625 g (1 1/4 livre)
  un quart chacun

Quelques feuilles d'épinards lavées et essorées

225 g (1/2 livre) de beurre doux extra fin

Couvrir le gingembre avec le sauternes et cuire jusqu'à l'obtention d'un mélange très sirupeux. Égoutter et réserver*. Il devrait rester 30 ml (2 c. à soupe) de liquide que l'on montera avec le beurre (en prenant soin d'en prélever une noisette pour la cuisson des épinards), comme pour un beurre blanc**. Réserver au chaud, ne plus faire bouillir.

Allumer le four à 150 °C (300 °F). Décortiquer les homards et les couper en escalopes. Placer sur une plaque de cuisson légèrement beurrée et recouvrir d'un papier d'aluminium beurré lui aussi. Passer au four rapidement.

Poêler les feuilles d'épinards avec la noisette de beurre réservée et égoutter. Monter les assiettes tièdes avec les épinards, dresser harmonieusement les escalopes de homard. Placer un bouquet de gingembre dans le creux du montage et saucer généreusement du beurre de gingembre.

Veiller à ne pas laisser le homard trop longtemps au four, il se raidirait et sécherait rapidement. Quelques minutes suffisent pour le réchauffer lorsqu'il est tranché en escalopes. C'est une recette très simple grâce à sa courte liste de marché. Le talent d'un cuisinier se mesure au nombre d'ingrédients qu'il n'utilise pas.

Salade de homard aux pêches (6 pers.)

« Une salade de fin d'été, la rumeur maritime au cœur de la pêche »

3 homards cuits de 625 g (1 1/4 livre) chacun

5 ml (1 c. à thé) de gingembre finement haché

45 ml (3 c. à soupe) de vinaigre de cidre blanc

1 pincée de sucre de canne

2 poignées de salades mêlées

6 petites pêches d'Ontario mûres

5 ml (1 c. à thé) de jus de citron

3 brins d'estragon effeuillé

15 ml (1 c. à soupe) de moutarde de Dijon

45 ml (3 c. à soupe) d'huile d'olive extra vierge

Sel de mer et poivre noir du moulin

Décortiquer les crustacés. Escaloper la chair et réserver* au frais. Mettre le gingembre recouvert de vinaigre dans une petite casserole. Cuire rapidement avec une pincée de sucre de canne, laisser réduire* de moitié.

Laver et essorer la salade. Peler les pêches, les couper en huit et les asperger de quelques gouttes de jus de citron. Rompre les feuilles de salade dans un grand bol et ajouter le gingembre égoutté, les feuilles d'estragon entières et les pêches.

Monter une vinaigrette en réchauffant le jus de cuisson du gingembre. En dehors du feu, délayer la moutarde à l'aide d'un fouet et incorporer petit à petit l'huile d'olive. Relever avec un soupçon de citron.

Assaisonner* la salade et verser la vinaigrette dessus. Mélanger délicatement.

Pour cette recette, l'important est le degré de mûrissement des fruits. Il est préférable de les acheter quelques jours à l'avance et de les faire « mûrir » emballés dans un sac de papier brun. Plus ils seront mûrs, plus la peau s'enlèvera facilement. Si vous trouvez des pêches blanches, c'est votre jour de gloire ; sinon, les petites pêches d'Ontario, à la fin de l'été, font très bien l'affaire.

Lotte à la noix de coco et au safran (4 pers.)

« Un curry de poisson fondant dérivé de la *moqueca de peixe* brésilienne, allié au parfum entêtant du safran »

2 poireaux émincés

1 oignon rouge finement haché

250 ml (1 tasse) de céleri en cubes

2 boîtes de lait de coco

5 ml (1 c. à thé) de pâte de curry vert

5 ml (1 c. à thé) de pistils de safran

680 g (1 1/2 livre) de filets de lotte

Sel de mer et poivre noir du moulin

500 ml (2 tasses) de palourdes (facultatif)

200 ml (6,8 oz) de vin blanc (facultatif)

250 ml (1 tasse) de petits pois cuits

2 tomates émondées* en brunoise*

15 ml (1 c. à soupe) d'huile d'olive

Faire suer* les poireaux, l'oignon et le céleri dans l'huile, ajouter le lait de coco et laisser réduire* de moitié. Ajouter la pâte de curry et le safran. Placer dans la réduction les filets de lotte découpés en morceaux. Assaisonner*. Cuire à faibles bouillons en couvrant pendant 5 minutes. Cuire les coquillages (à part, afin de filtrer le jus qu'ils rendront et ainsi éviter le sable qu'ils pourraient contenir) dans une petite casserole, avec un doigt d'eau ou de vin blanc et à couvert. Cuire à grand feu jusqu'à l'ouverture de tous les coquillages (5 à 7 minutes).

Juste avant de servir, ajouter au poisson les pois, les coquillages et leur jus filtré. Cuire encore quelques minutes pour bien homogénéiser l'ensemble. Parsemer de tomates en cubes et de feuilles de céleri. Servir en casserole avec un riz basmati.

La lotte est un poisson qui résiste très bien à la cuisson et dont le prix est resté presque inchangé depuis 20 ans. Très facile à faire, ce plat est parfait pour les débutants et les cuisiniers pressés.

Joues de flétan aux artichauts et courge grillée (4 pers.)

« Dansons, joue contre joue »

1 courge Butternut de 450 g (1 livre) environ

4 artichauts moyens tournés et cuits (voir p. 68)

1 petit piment fort

1 mangue mûre

8 joues de flétan de 50 g (1,7 oz) chacune

Quelques brins d'estragon

65 ml (1/4 tasse) d'huile d'olive extra vierge

5 ml (1 c. à thé) de graines de sésame grillées

5 ml (1 c. à thé) de moutarde de Dijon

1 lime

Sel de mer et poivre noir

Cuire la courge entière, au four, emballée d'un papier d'aluminium jusqu'à ce qu'elle soit très fondante – au moins 1 heure à 180 °C (350 °F). La peler ensuite et en ôter les graines. Réserver* en cubes assez grossiers (ils doivent entrer dans les fonds d'artichauts). Ôter le foin des fonds d'artichauts. Hacher finement le piment, peler et trancher la mangue, réserver ensemble.

Dans un linge, éponger les joues et placer sur chacune d'elles quelques feuilles d'estragon. Assaisonner* et badigeonner d'une goutte d'huile. Dans un poêlon, sur un feu vif, saisir les joues en les faisant colorer légèrement, côté estragon en premier. La feuille d'estragon s'imprime joliment dans la chair du poisson. Débarrasser* sur une assiette. Procéder jusqu'à épuisement des joues et passer rapidement les morceaux de courge, dans le même poêlon, avec une goutte d'huile d'olive. Ils doivent colorer un peu. Les saupoudrer de graines de sésame en fin de cuisson.

Placer les cubes de courges dans les fonds d'artichauts et surmonter des joues. Garder au chaud couvert d'un papier d'aluminium.

Au moment de servir, monter une vinaigrette au mélangeur électrique avec la mangue, le piment, la moutarde et un peu d'eau tiède. Ajouter progressivement l'huile et quelques gouttes de jus de lime. En garnir les fonds des assiettes et poser l'artichaut au centre.

*Attention, produit magnifique ! La saison des joues de flétan du Pacifique va de la mi-mars à la fin octobre.
Elles cuisent très vite et ont une texture vraiment unique. Le prix peut en rebuter plus d'un, mais se rappeler
qu'il s'agit d'une masse nette, sans aucune perte ni rétractation après cuisson.*

Mérou aux poireaux et trompettes des maures (4 pers.)

« La feuille de curry dans la crème fleurette, que le monde est petit à la chaleur du feu »

8 jeunes blancs de poireaux

250 ml (1 tasse) de fumet de poisson**

250 ml (1 tasse) de crème 35%

680 g (1 1/2 livre) de filet de mérou

250 ml (1 tasse) de trompettes des maures
  (fraîches ou séchées)

30 ml (2 c. à soupe) d'huile d'olive

Sel de mer et poivre noir du moulin

45 ml (3 c. à soupe) de feuilles
  de curry (caloupilé)

Confire les blancs de poireaux, tronçonnés en morceaux de 10 cm de longueur, dans une casserole moyenne, en les couvrant de fumet de poisson. Cette cuisson devrait prendre 10 à 15 minutes sur feu doux. Réserver* lorsqu'ils sont tendres. Réduire* le liquide à 1/2 tasse. Ajouter la crème et redonner un bouillon. Couper le filet de poisson en quatre morceaux égaux et les cuire quelques minutes dans la crème. Réserver à couvert.

Brosser les champignons, couper l'extrémité du pied (dans le cas de champignons secs, tremper 10 minutes dans l'eau tiède et essorer) et sauter vivement à la poêle avec une goutte d'huile d'olive, ajouter les feuilles de curry et verser immédiatement le tout dans la crème contenant le poisson en attente.

Donner un bouillon et laisser infuser quelques minutes. Égoutter les éléments du plat et monter les assiettes en commençant par les poireaux alignés sur lesquels on posera les morceaux de poisson et que l'on couvrira des champignons et des feuilles de curry.

Les feuilles de curry (caloupilé) se trouvent dans les épiceries indiennes. Il n'est pas conseillé de les acheter séchées (sauf pour la recette de « Pétoncles fumés aux épices », voir p. 124). Vaut mieux les congeler (même si, par ce procédé, elles perdent un peu de leur caractère).

Les mérous nous arrivent du golfe du Mexique. Ils sont parfois difficiles à trouver. Préférer les grosses espèces, plus moelleuses. Les arêtes du mérou font des soupes très corsées.

Cabillaud à l'ail confit (pour 4 pers.)

« De l'ail comme des bonbons ! »

2 têtes d'ail

2 patates douces

2 tasses de fumet de poisson**

1 chou-fleur

65 ml (1/4 tasse) d'huile d'olive

680 g (1 1/2 livre) de filet de cabillaud épais

Sel de mer, poivre noir du moulin

30 ml (2 c. à soupe) de beurre doux

100 ml (3,4 oz) de Porto blanc

250 ml (1 tasse) de crème 35%

Peler les têtes d'ail et blanchir les gousses dans un peu d'eau légèrement salée, égoutter et recommencer l'opération deux autres fois. Peler les patates douces et les découper en cubes de 2 cm de côté. Placer avec les gousses d'ail dans une petite casserole, mouiller* avec la moitié du fumet de poisson et cuire à feu doux. Le jus doit réduire* de moitié. Cette réduction peut prendre une dizaine de minutes. Égoutter et réserver*.

Trancher le chou-fleur de part en part afin d'obtenir quatre tranches d'une épaisseur de 1 à 2 cm. Poêler très légèrement ces tranches dans un peu d'huile d'olive et placer dans un plat creux allant au four.

Découper le poisson en quatre parts égales et les déposer sur les tranches de chou-fleur. Assaisonner* et badigeonner d'un peu d'huile d'olive. Mouiller du reste du fumet et couvrir d'une feuille de papier d'aluminium beurré. Placer au four à 200 °C (400 °F) durant 20 minutes.

Au sortir du four, laisser reposer quelques minutes et récupérer le jus en inclinant le plat. Garder le plat au chaud et couvert. Joindre ce jus à la cuisson de l'ail et

des patates douces, ajouter le Porto blanc, réduire encore le liquide afin d'obtenir l'équivalent de 65 ml (1/4 tasse) de liquide. Mouiller de crème et donner un dernier bouillon jusqu'à l'obtention d'une légère consistance.

Dresser le poisson et son socle de chou-fleur, à l'aide d'une spatule, sur les assiettes bien chaudes. Verser la sauce autour et placer les dés de patates douces et les gousses d'ail, à peine rissolés à la poêle quelques minutes, dans une cuillerée de beurre.

Cabillaud et morue sont le même poisson. On peut les remplacer par du colin et de l'aiglefin, souvent moins chers et tout aussi délicieux. Choisir des morceaux épais, dont les « feuillets » se détacheront facilement à la cuisson, faisant pénétrer l'huile d'olive très profondément.

Un poisson sur la plage

J'ai toujours eu la passion de la mer. Choisissant souvent mes destinations de voyage pour la retrouver, j'ai cherché inlassablement «la plage du matin du monde», la compagnie des pêcheurs, l'atmosphère amicale des marchés aux poissons. Amoureux de la mer, autant pour la contempler que pour me nourrir de ses fruits, j'ai eu la chance d'accompagner quelquefois les pêcheurs très tôt au lever du jour, sur différents océans, histoire d'ajouter la main aux élans du cœur.

Il était passionnant de cuisiner au retour de ces aventures. Après les maladresses sur le bateau, les coups de soleil, le roulis difficile à apprivoiser, épuisé, je retrouvais parfois mes compagnons de mer autour d'une bouillabaisse improvisée. Un p'tit verre aidant, ces silencieux loups de mer se transformaient en joyeux bavards et n'en finissaient plus de raconter leurs histoires de pêcheurs.

Mais le meilleur repas d'un retour de pêche est sans contredit celui qu'on prend directement sur la plage où l'on enfouit ses captures dans un feu de braises parfumé au varech (ou toute autre algue disponible). On écaille et vide les poissons (la vague emportera leurs entrailles) et on prépare un grand trou dans le sable pour y allumer un feu. Aux premières braises, on y dépose une couche d'algues (que l'on aura fait sécher près du feu) puis, en plein milieu d'une fumée délicieuse, on place les captures (surtout des poissons de roche de petite taille) que l'on recouvre ensuite d'une autre couche d'algues. Il suffit de refermer le trou et de repasser 2 ou 3 heures après, retrouvant notre cachette comme des enfants un trésor. On n'a plus qu'à déguster ces délices à peine cuits.

Tout poisson cuit entier est nettement plus savoureux qu'en filet. Avec cette façon de le cuire, on peut dire qu'on atteint le sommet, la quintessence de l'art de cuire près de la mer. Avec elle, est-on tenté de dire.

Ce principe de cuisson me rappelle la tradition amérindienne de préparer le saumon, enveloppé dans une épaisse boue d'argile et cuit dans un feu de pins. Ou encore la cuisson en croûte de sel chère aux Méditerranéens. Dans le sud-ouest de la France, on roule le jambon dans une généreuse couche de foin avant de le placer pour la journée dans la cheminée, une sorte de fumage lent et intense. Toutes ces manières de cuire nous font réaliser une chose fondamentale en cuisine : le temps. Celui qui permet une cuisson douce et autorise le repos de la pièce une fois cuite à point.

J'aime aussi l'humilité qui s'empare de nous lorsque nous confions au hasard la cuisson de nos aliments. Dans le fond, la cuisine est d'abord une affaire de saveur, on l'oublie parfois, que l'on soit aux commandes d'une prestigieuse maison ou simplement dans ses casseroles du dimanche. On multiplie les associations, on soigne le théâtre du cuire, mais ce qui nous marque vraiment, c'est toujours le goût des choses, ce goût qui nous hante, que l'on cherche et dont on se souvient... les yeux fermés.

Sardines « papillon », salade tiède de passe-pierre (4 pers.)

« Le plein de mer »

2 tomates
1 pomme Golden
125 ml (1/2 tasse) de passe-pierre (salicorne)
8 sardines fraîches
Sel de mer, poivre noir du moulin

Huile d'olive extra vierge
1 citron
2 échalotes grises

Émonder* les tomates, retirer l'eau, couper la chair en brunoise*. Faire la même découpe d'une pomme pelée et la citronner immédiatement. Blanchir les algues à grande eau non salée et les rafraîchir dans un bol d'eau contenant des glaçons. La salicorne doit être très croquante. Éliminer les grosses côtes (dures à mâcher) et réserver* avec la pomme et les tomates.

Enlever l'arête centrale des sardines par le ventre de façon à lever les filets en un seul morceau. Conserver la queue si possible. Écailler du plat d'un couteau d'office (attention à ne pas écorcher la peau qui aidera à griller les poissons). Étendre, le côté chair vers soi, et assaisonner de sel et de poivre, badigeonner d'une goutte d'huile d'olive. Laisser à la température de la pièce durant au moins 1 heure.

Quinze minutes avant de servir, assaisonner la salade de passe-pierre avec un peu d'huile, du poivre et quelques gouttes de jus de citron. Ajouter les deux échalotes très finement hachées, les pommes et les tomates.

Mélanger délicatement et monter en dôme sur les assiettes tièdes. Griller les sardines côté peau en-dessous, légèrement assaisonnées, dans un poêlon très chaud. Cuire une minute et retourner sur la salade immédiatement.

Ne pas être rebuté par la mise en filet des sardines (vous pouvez toujours demander au poissonnier de le faire pour vous, comme il est déjà mentionné dans cet ouvrage). C'est très facile à faire, et après quelques pièces, vous prendrez rapidement ce qu'on appelle un « tour de main ». Cette découpe en papillon vous fera redécouvrir la sardine qui, de cette manière, peut se glisser entre deux tranches de pain et devenir le plus chic des sandwichs.

Les viandes

Côte de cerf aux noisettes (6 à 8 pers.)

« Flamme flamande »

225 g (1/2 livre) de noisettes décortiquées

4 endives

30 ml (2 c. à soupe) de graisse de canard

Une râpée de muscade

Sel de mer et poivre noir du moulin

3 gousses d'ail

1 carré de cerf (8 à 9 côtes)

60 ml (4 c. à soupe) d'huile de noisette
ou de noix

4 pommes de terre cuites

2 échalotes grises hachées

10 ml (2 c. à thé) de romarin frais émincé

400 ml (13,5 oz) de vin rouge

30 ml (2 c. à soupe) de réduction balsamique**

Griller les noisettes quelques minutes au four et en ôter la peau. Cette opération peut se faire en les frottant encore tièdes les unes contre les autres avec les mains. En écraser la moitié grossièrement du plat du couteau (garder l'autre moitié de noisettes entières pour le décor). Réserver*.

Placer les endives dans une casserole de taille moyenne, après en avoir coupé l'extrémité des feuilles, et les recouvrir d'eau. Porter à ébullition en ajoutant 15 ml (1 c. à soupe) de graisse de canard, une fine râpée de muscade, du sel et du poivre ainsi que les gousses d'ail tranchées en deux et dont on aura laissé la pelure. Dès l'ébullition, diminuer le feu et laisser cuire environ 20 minutes à couvert.

Recouvrir la pièce de viande d'une fine couche d'huile de noisette, saler et poivrer. Dans une poêle bien chaude, sans gras, colorer de chaque côté et terminer la cuisson au four à 200 °C (400 °F) durant 20 minutes. Je recommande une courte cuisson, car le cerf devra reposer et être réchauffé juste avant d'être servi.

Pendant ce temps, dans un poêlon, faire dorer les pommes de terre précuites et tranchées à 1 cm d'épaisseur à l'aide du reste de la graisse de canard. Procéder de la même manière pour les endives. Il faut que les éléments de la garniture soient bien caramélisés. Assaisonner*, débarrasser* sur une tôle et couvrir d'un papier d'aluminium.

Sortir la viande du four et la laisser reposer dix minutes sur une assiette creuse retournée afin d'en récupérer le jus. Porter le récipient de cuisson sur un feu vif, y jeter les échalotes et le romarin en rajoutant une goutte d'huile de noisette, faire suer*. Déglacer à l'aide du vin rouge, de la réduction de vinaigre balsamique et du jus du carré de cerf au repos. Réduire de moitié.

Monter* la sauce avec 15 ml (1 c. à soupe) d'huile de noisette et passer au chinois fin. Faire macérer dans cette préparation les noisettes concassées. Réserver quelques minutes au chaud afin d'infuser la sauce du parfum des noisettes.

Trancher le carré de cerf en suivant naturellement les côtes. Les placer sur une plaque allant au four préalablement enduite d'huile de noisette. Chauffer de 3 à 5 minutes à four chaud (200 °C ou 400 °F). Monter les assiettes avec les endives et les pommes de terre autour des côtes de cerf et servir la sauce aux noisettes à part. Décorer avec les noisettes entières.

Le cerf de Boileau est sans doute ce qu'il se fait de mieux en matière d'élevage de grands gibiers. Il faut souvent acheter les carrés entiers, ce qui place cette recette dans la liste des plats de grandes occasions. La garniture, très flamande, peu s'adapter à n'importe quel gibier.

Confit de jarrets d'agneau aux épices, poires au vin rouge (6 pers.)

« Cuisiner pour passer l'hiver... »

6 jarrets d'agneau

30 ml (2 c. à soupe) de gros sel de Guérande

30 ml (2 c. à soupe) de poivre noir concassé

6 feuilles de laurier

6 branches de thym frais

2 litres (8 tasses) de graisse de canard

6 poires de saison

500 ml (2 tasses) de vin rouge

45 ml (3 c. à soupe) de sucre brun

2 bâtons de cannelle

500 ml (2 tasses) de fond d'agneau**

2 poignées de petits boks choys

3 ml (1/2 c. à thé) de coriandre en grains

3 ml (1/2 c. à thé) de cumin entier

5 ml (1 c. à thé) de poivre rose

1 clou de girofle

1 oignon finement haché

4 gousses d'ail finement hachées

30 ml (2 c. à soupe) de beurre doux à la température ambiante

La veille, mettre les jarrets à macérer dans un plat en les parsemant de gros sel et de poivre noir, d'une feuille de laurier et d'une fine branche de thym. Couvrir et placer au réfrigérateur 24 heures.

Le lendemain, porter au feu une casserole à fond épais avec 250 ml (1 tasse) d'eau (afin que la viande n'adhère pas au fond de la casserole), y placer les jarrets légèrement brossés (pour en éliminer le sel et les herbes) et couvrir de la graisse de canard. Il faut impérativement que les jarrets soient couverts. Ajouter de la graisse au besoin. Au moment de l'ébullition, diminuer la source de chaleur au minimum et laisser frémir* durant plus ou moins 2 heures. Ce sont les règles de l'art de confire.

Peler les poires et les placer dans une casserole avec le vin rouge. Ajouter le sucre et un bâton de cannelle et cuire 20 minutes à très faibles bouillons et à couvert. Égoutter et réserver*. Réduire* le jus de cuisson de moitié et ajouter le fond d'agneau. Réduire à nouveau jusqu'à l'obtention de 65 ml (1/4 tasse) de liquide. La réduction devrait avoir une légère texture. Réserver. Passer rapidement les boks choys au poêlon avec une cuillerée de graisse de canard, saler et poivrer.

Placer sur une plaque de cuisson légèrement graissée, avec les poires, et couvrir d'un papier d'aluminium.

Au moment de servir, réunir les épices et les passer à sec au poêlon. Quand les épices sont bien rôties, les piler au mortier et mélanger à l'oignon et à l'ail. Lorsque les jarrets sont cuits (ils doivent se détacher de l'os très facilement), les égoutter délicatement puis les rouler dans le mélange épices-oignon-ail. Bien recouvrir toute la surface des pièces de viande et passer au four à 200 °C (400 °F) durant 10 minutes (les jarrets vont caraméliser), ainsi que la plaque de garniture (5 minutes à la même température).

Réchauffer la réduction et la monter* au beurre. Dresser les poires et les boks choys sur des assiettes chaudes. Placer une petite louche de réduction au centre et poser les jarrets dessus.

Magnifique union de la cuisine indienne et française dans un plat de haut vol. Essayez de trouver des jarrets d'agneau de lait, plus petits et donc plus vite cuits, mais aussi plus fins. Évitez l'agneau importé, très gras et très puissant au goût, qui « contaminera » la graisse de ses âcres humeurs. L'agneau du Québec est l'un des meilleurs au monde.

Le sacrifice

Nous sommes sur le fleuve Saint-Laurent. Plus précisément à l'Île Verte, morceau de terre ressemblant à un navire immobile, au large de la rive sud entre Rivière-du-Loup et Rimouski. Lorsque la marée le permet, un traversier fait la navette depuis Notre-Dame-des-Sept-Douleurs en quelques minutes. Cette île, battue par les vents sur la Côte-Nord, présente une lande douce vers le sud. Une brume délicate se soulève le matin. L'air est plein d'eau, la terre baigne dans une lumière rose, les moutons vont brouter tranquillement dans les prés légèrement salés. Quelques maisons apparaissent dans l'aube, un autre jour de paix commence.

Une belle et dure journée sans doute pour les insulaires qui tentent de vivre des maigres ressources offertes par un territoire austère une bonne partie de l'année. L'hiver est cinglant. Il faut donc tout faire l'été, se battre contre le temps, car à la mi-août déjà, un vent frais annonce le grand enchaînement des choses. Ces alternances d'activité intense et de repos rendent le cœur sage, chacun passant beaucoup de temps avec lui-même. Quelques jeunes ont quitté l'île pour aller étudier à Rivière-du-Loup, la plupart ne reviennent

pas, happés par une vie plus sociale. Les vieux sont expatriés en face, sur la «terre ferme», dans des maisons de retraite où les soins sont plus accessibles.

Depuis quelques années, les maisons revivent grâce aux amoureux de l'île qui reviennent les fins de semaine bichonner leurs résidences secondaires, chaussés de bottes et couverts de gros chandails de laine. Ils prennent plaisir à jouer les fermiers du dimanche dans un environnement balayé par la mélancolie du fleuve. J'ai été l'un de ceux-là l'espace de quelques vacances.

Laissez-moi vous présenter la famille Caron. Le père Vital vit de la pêche au hareng. Une pêche à fascines, tradition de capture amérindienne qui consiste à leurrer les bancs de poissons dans un piège vraiment ingénieux. Sur de hauts piquets plantés dans l'eau, on tresse des branches de jeunes bouleaux, créant ainsi un mur sur lequel viennent buter les harengs. En longeant cet obstacle, ils entrent tranquillement dans une sorte de spirale dont ils ne peuvent plus sortir. On n'a plus qu'à les ramasser à marée basse. Il n'est pas rare de voir dans les filets, se débattant parmi eux, un esturgeon ou un saumon, prince égaré aux reflets

argentés dans une masse noire et agitée. Les harengs sont mis en salaison dans d'énormes tonneaux après quoi ils sont suspendus tête en bas dans le fumoir jusqu'à leur complète maturation. On ne parle pas ici de grande gastronomie, mais on s'habitue et on finit par aimer. Mastiquer les filets durant des heures, une bière à la main, debout en plein vent, dans un puissant parfum de varech à marée basse, c'est saisir un morceau de bonheur tendu par le fleuve. Le soir, le père Caron sort l'accordéon et vous met le feu dans les jambes pour peu que l'on remplisse son verre de temps à autre. Il vous faudra tendre l'oreille à toutes les histoires de l'île racontées dans un dialecte poivré en diable !

La mère Magali, une femme de caractère avec un cœur immense, accueille les visiteurs en commentant les excès de langage de son mari. Les brioches dopées à la poudre à pâte sortent du four. On adore manger dans cette maison où le fourneau ne s'éteint jamais. C'est le royaume de la reine mère, entre vieux poêle à bois et cuisinière à gaz. Rien n'échappe à son œil de lynx, elle n'a pas besoin de sortir pour savoir ce qui se passe sur son territoire.

Les quatre fils en veste militaire usée et jeans maculé de boue jouent dehors à se battre comme dans leur enfance. Ils roulent au sol dans un combat où se mêlent les chiens de la maison. Ils se retrouvent après de longues absences. Il n'y a pas de mots entre eux pour dire cette absence. Rien que des gestes qu'on pourrait croire brutaux alors que ce sont des témoignages d'amour. Ils finiront la soirée, après le souper, dans les chaises à bascule, autour des parents, se balançant comme de grands oiseaux trop fatigués pour s'envoler. De lourds silences éclairent leurs rêves. L'un d'entre eux est mon ami. Il s'appelle Régis.

C'est un jeune homme silencieux. On devine en lui un monde secret propre à ceux qui ont longtemps dialogué avec la nature. Il connaît les moindres recoins de son île et les retrouve chaque fois avec un plaisir rare et secret, le visage impassible. La terre occupe toute la place dans son cœur, la seule caresse sur son visage est celle du vent du fleuve, ne lui parlez pas d'un ailleurs meilleur. Il a bien essayé de partir, mais il sait que c'est là, dans ce repli de la rive sud du Saint-Laurent, qu'est inscrit son bonheur depuis toujours.

Il m'emmène chez un de ses oncles, éleveur de moutons au sud de l'île, me demandant si j'aimerais rapporter un agneau entier à Montréal. C'est l'occasion ou jamais, pensez-vous! De l'agneau de prés salés, comme à Pauillac, comme au mont Saint-Michel ! On choisit sa bête, on l'emmène, on l'abat. J'allais être un peu moins enthousiaste lorsque, après avoir gentiment approché ma victime, je tentai de l'immobiliser. Tenant l'animal serré de toutes mes forces, fébrile, maladroit, je luttai contre ma nature contemplative tandis qu'une raideur maladive s'immisçait dans chacun de mes gestes. Une odeur de peur et de laine me pénétra soudainement et me fit tourner la tête. Je vacillai dans la boue. Ce jeune mouton me fit passer un dur moment au bout duquel, finalement, il m'échappa sous les regards amusés de Régis et de son oncle. Aidé par les conseils de mes amis, mieux préparé au choc, je me reprends et cette fois, en fermant les yeux, j'arrive à le maintenir et à lui passer le couteau sous la gorge. Un sang chaud couvre mes mains et les derniers soubresauts de l'animal me font pâlir, la tête me tourne à nouveau, mais la fraîcheur du matin d'automne me rappelle que l'opération n'est pas terminée. Il faut tout de suite ôter la peau, vider la bête, la suspendre dans la grange afin de faire vieillir la viande. Pas le temps pour les grands épanchements, d'ailleurs ce serait ridicule devant mes compagnons qui vivent cela quotidiennement. Ce jour-là, une idée a germé dans ma tête. Celle du sacrifice.

Combien de fois n'ai-je pas constaté la distance, le décalage affectif des cuisiniers vis-à-vis de la viande en général. Ils n'achètent bien souvent qu'une matière froide, désossée et enveloppée dans un affreux emballage en plastique. Je déplore la condition des consommateurs qui, au supermarché, ne voient dans la viande qu'une tranche de steak dans un récipient de polystyrène. On oublie la vie qui animait autrefois ces muscles, faisait pivoter ces os, coulait dans ces nerfs inertes. On oublie le vivant. On n'a aucune conscience des conditions de vie de l'animal, de sa naissance au jour fatal du sacrifice.

Dans un monde où la nourriture devient de plus en plus suspecte, où les conditions d'élevage créent les débordements que nous avons connus en Europe vers la fin des années 1990 (mais aussi en Amérique, avec beaucoup plus de discrétion), il est salutaire de garder un régime diversifié, de manger moins de

viande et moins souvent. Il nous faut envoyer à l'industrie alimentaire un message clair pour que sa production soit meilleure et plus saine et augmenter nos exigences en matière d'information sur la provenance de la viande et sur l'éthique des éleveurs. Mais nous devons aussi faire notre part en tant que cuisiniers. Nous devons réhabiliter des plats qui mettent en valeur d'autres parties moins fréquemment utilisées et qui réservent parfois à nos papilles les plus belles surprises.

Avec l'agneau de l'Île Verte, j'ai pris conscience de la valeur du sacrifice d'un animal. On ne voit plus les choses de la même manière quand on a vécu un tel moment, un reste d'âme nous parvient de la chair de l'animal. On garde tout ce qui peut servir, les os, les abats. Et c'est merveilleux, tout un territoire s'ouvre devant nous. Celui de la lenteur. Le poêle, allumé toute la veillée, réchauffe la maison tout en assurant les cuissons douces et longues. L'espace s'imprègne de parfums invitants. On peut cuire avec les os (ce qui est la meilleure façon de rôtir) plusieurs heures au four, faire frémir comme autrefois dans un bon vin de pays ou alors confire dans la graisse de canard. La lenteur

nous arrange, nous façonne. Elle nous permet de rêver, de penser à autre chose. La maison prend le temps de se préparer au repas.

Une approche différente de la rudesse des grillades. On met en place une petite cérémonie, une suite d'étapes, on arrose de temps en temps, on fait semblant de l'oublier, puis on y revient. Jusqu'au moment où on approche de la cuisson parfaite. En cuisine, un vieil adage dit qu'on naît rôtisseur et qu'on devient cuisinier. Quelle idée juste que de laisser parler l'instinct en soi quand il s'agit de rôtir, d'utiliser le bout de ses doigts pour évaluer une cuisson, le bout de son nez pour reconnaître un parfum précis.

Par de savants mélanges et d'audacieuses juxtapositions, on cherche, une vie entière, à renouveler l'art de cuire. On tente de bousculer un peu l'héritage des maîtres, on croit innover. Ces escapades à l'Île Verte sont pour moi un retour vers l'origine de mon métier, quand on a peu de choses à cuire pour accompagner l'essentiel. Quand l'essentiel nous invite à cette pensée : le neuf n'est pas toujours demain, c'est parfois le retour d'hier.

Gigotin d'agneau au citron et au romarin, dauphinois (4 pers.)

« Le soleil ne s'éteint jamais sur son empire »

1 gigot d'agneau de lait

90 ml (6 c. à soupe) d'huile d'olive

4 gousses d'ail hachées

4 branches de romarin hachées

15 ml (1 c. à soupe) de zeste de citron
très finement haché

1 oignon haché

1 aubergine noire moyenne

2 courgettes (zucchinis)

2 poivrons rouges

2 tomates émondées*

500 ml (2 tasses) de fond d'agneau**

Sel de mer et poivre noir

Découper le gigot en suivant les muscles. On détaille ainsi la pièce de viande en plusieurs petit «rôtis» que l'on badigeonnera d'huile d'olive de première qualité. Ajouter la moitié de l'ail, le romarin (en conserver pour la sauce et les légumes), la cuillerée de zeste de citron et la moitié de l'oignon. Assaisonner*. Bien mélanger et réserver au moins 6 heures au frais, recouvert d'un film plastique.

Trancher les aubergines en fines rondelles de façon à obtenir huit petits disques de 1/2 cm d'épaisseur. Dégorger* durant 20 minutes. Ensuite, débarrasser l'eau des aubergines et humecter d'un peu d'huile d'olive. Parsemer d'ail et de romarin, poivrer. Laisser mariner durant 1 heure à la température de la pièce.

Avec le reste de l'aubergine, réaliser une petite ratatouille en y ajoutant les courgettes et les poivrons, le tout découpé en duxelles. Ajouter le reste de l'oignon et de l'ail hachés. Poêler ces légumes dans un peu d'huile d'olive jusqu'à très légère coloration ; en fin de cuisson, ajouter les tomates et cuire encore quelques minutes. Assaisonner, réserver.

Poêler les tranches d'aubergines dans le même récipient une minute de chaque côté ; elles doivent êtres légèrement colorées. Poser les quatre premières tranches d'aubergines sur une tôle. Déposer une généreuse cuillerée de ratatouille dessus et fermer avec une autre tranche d'aubergine. Garder en attente couvert d'un papier d'aluminium.

Poêler les morceaux d'agneau sur un feu moyen, en prenant soin de ne pas brûler la garniture de la marinade. Finir la cuisson en rôtissoire, au four, à 200 °C (400 °F), recouverte d'un papier d'aluminium. Il faut palper les morceaux individuellement : ils doivent offrir une légère résistance au bout des doigts lorsqu'ils sont cuits. Les retirer de la rôtissoire au fur et à mesure de leur cuisson et couvrir tout de suite.

Lorsque tous les morceaux de viande sont cuits, déglacer la rôtissoire avec le fond d'agneau auquel on aura ajouté un peu de romarin frais. Joindre le jus rendu par les rôtis d'agneau en attente et réduire* de moitié dans une casserole moyenne.

Trancher la viande reposée (au moins 10 à 15 minutes) et la replacer dans la rôtissoire. Couvrir à nouveau et passer au four avec la tôle de légumes (3 à 5 minutes). Dresser ces derniers dans le fond des assiettes chaudes avec les tranches d'agneau dessus. Servir le jus à part.

Si vous ne trouvez pas d'agneau de lait, un jeune agneau fera tout aussi bien l'affaire. Mariner plus longtemps, le temps de marinade dépendant de la taille des morceaux de rôti. Le secret est toujours dans le temps de repos après rôtissage. N'importe quelle viande rôtie bénéficie de cette attente.

Gratin dauphinois (4 pers.)

8 pommes de terre blanches

250 ml (1 tasse) de crème 35%

250 ml (1 tasse) de lait entier

2 gousses d'ail

Une râpée de muscade

Sel de mer et poivre noir

Éplucher et laver les pommes de terre. Les trancher en rondelles de 1/2 cm d'épaisseur, les placer dans une casserole à fond épais sans les rincer. Couvrir de la crème et du lait. Ajouter l'ail finement haché, la muscade et l'assaisonnement (pas trop de sel, car la crème va réduire). Mettre à cuire à plein feu.

Au premier bouillon, remuer avec une cuillère en bois et diminuer le feu. L'amidon va aider à épaissir la crème si l'on prend soin de laisser cuire 5 minutes à feu très doux avant d'enfourner dans un plat à gratin à 200 °C (400 °F) durant 10 minutes. Laisser colorer ou, au besoin, passer sous le grill quelques minutes.

C'est ce que l'on peut faire de mieux avec des pommes de terre. Aucun liant, sinon l'amidon contenu dans les tubercules. Évitez le fromage, si vous vous servez de ce gratin pour accompagner l'agneau ci-dessus. Par contre, la même recette, servie en entrée dans de petits bols à soufflé individuels, pourrait très bien accueillir une fine tranche de « Migneron de Charlevoix » avant de passer sous le grill.

Côtes d'agneau à la *relish* d'olives, purée d'artichauts (4 pers.)

« Le puits de l'enfance »

2 carrés d'agneau

3 branches de romarin

Sel de mer et poivre noir du moulin

250 ml (1 tasse) d'huile d'olive extra vierge

8 fonds d'artichauts (voir p. 68)

125 ml (1/2 tasse) d'olives noires dénoyautées

1 piment rouge doux

1 oignon rouge

3 branches de céleri vert

1 citron

4 échalotes grises

150 ml (5 oz) de Porto rouge

500 ml (2 tasses) de fond de veau**

(facultativement de l'eau et un cube
    de bouillon de volaille)

Parer* les carrés, enlever méticuleusement toute peau et membranes. On appelle cela « parer à vif ». Tapisser la viande de romarin effeuillé (en réserver une branche), de sel et de poivre ainsi que d'une rasade d'huile d'olive. Réserver* à la température de la pièce.

Retirer le foin des fonds d'artichauts et les passer au mélangeur. Ajouter 100 ml (3,4 oz) d'huile d'olive, petit à petit, à haute vitesse. Lorsque la mousse d'artichaut est bien lisse, débarrasser* dans un bol et rectifier l'assaisonnement. Réserver*.

Découper les olives, les piments, l'oignon rouge et le céleri en fines duxelles*. Ajouter la branche de romarin réservée et un zeste de citron, hachés tous deux finement. Placer dans un bol et couvrir d'huile et du jus de l'autre demi-citron. Poivrer et réserver cette *relish* au moins 30 minutes à la température de la pièce, à couvert.

Cuire rapidement les carrés dans un poêlon chauffé à sec en tentant de conserver les herbes sur la viande. Colorer tous les côtés et enfourner à 180 °C (350 °F) durant 10 minutes. Sortir du four et laisser reposer dans une assiette, couvert d'un papier d'aluminium.

Déglacer* le contenant de cuisson de la viande avec les échalotes émincées, le Porto et le fond de veau si disponible. Laisser réduire* de moitié.

Chauffer la purée d'artichauts. En placer une belle cuillerée dans les assiettes préchauffées et y creuser un puits de façon à créer un cratère pour le déglacé. Découper les côtes d'agneau, placer en croix et napper d'une cuillerée de *relish* aux olives.

On peut très bien utiliser des artichauts en conserve pour préparer cette mousse ; elle n'en sera que plus souple et plus soyeuse. Cette relish festive vous servira de sauce à bien des occasions : les poissons grillés, pâtes et salades l'adorent.

Magret de canard au Porto et chocolat noir (4 pers.)

« La densité des éléments dans un plat de plein hiver »

2 magrets de canard malard

4 branches de thym frais

2 poignées de champignons de saison

Sel de mer, poivre noir du moulin

1 poignée de miniroquette

150 ml (5 oz) de Porto rouge

30 ml (2 c. à soupe) de réduction balsamique**

60 ml (4 c. à soupe) de beurre doux à la température ambiante

55 g (2 oz) de chocolat extra noir émincé (75% cacao min.)

Dégraisser les magrets en laissant une fine couche de graisse. Assaisonner*. Allumer le four à 200 °C (400 °F). Chauffer une casserole avec un fond d'eau (100 ml ou 3/8 de tasse) et ajouter la graisse prélevée sur les magrets. Faire fondre à feu doux jusqu'à l'évaporation de l'eau. Avec la graisse ainsi obtenue (que l'on réservera* pour de multiples usages dans cette recette), dans une poêle, colorer les magrets, parfumés de brindilles de thym, quelques minutes de chaque côté à feu vif. On enfourne le poêlon 4 à 5 minutes à peine.

Dans un autre récipient, faire revenir les champignons avec le gras de canard. Saler, poivrer. Réserver au chaud et, toujours à l'aide de la graisse de canard, faire tomber la roquette assaisonnée de sel et de poivre. Égoutter et réserver.

Sortir la viande du four et la laisser reposer (au moins 10 minutes) sur une assiette retournée dans une autre assiette plus grande (afin de récupérer le jus que les poitrines ne manqueront pas de libérer) et couverte d'un papier d'aluminium. Déglacer* le poêlon d'un peu d'eau afin de récupérer les sucs, ajouter le Porto, la réduction de vinaigre et le jus des magrets au repos.

Faire réduire de moitié et monter* la sauce en incorporant le beurre et le chocolat. Remuer la casserole sans faire bouillir, la sauce s'épaissira et se lustrera en un instant. Trancher les magrets en biais, passer quelques secondes au four, toujours à 200 °C (400 °F), sur une tôle avec les champignons et la roquette, le tout couvert d'un papier d'aluminium légèrement enduit de graisse de canard. Monter les assiettes avec tous les éléments de la recette et, juste avant de servir, remonter la sauce d'une giclée de Porto.

Le gras des magrets est aussi précieux que la viande. Il se conserve, ainsi traité, des mois au réfrigérateur et peut faire le bonheur de quelques pommes de terre et oignons rissolés.

Toutes sortes de champignons sont bienvenus dans cette recette archi simple. Pour ma part, j'utilise souvent un mélange peu dispendieux de pleurotes, shiitakes et portobellos, mais, bien sûr, on peut utiliser les girolles, chanterelles, trompettes, véritables trésors de nos sous-bois.

Cailles aux matsutakés, jus de cuisson aux muscats (4 pers.)

« Revisiter un classique, le meilleur moyen de se connaître »

4 champignons matsutakés entiers
   (ou quelques pleurotes)

Huile d'olive, sel de mer et poivre noir

2 échalotes grises

Une grappe (454 g ou 1 livre) de muscats
   d'Italie (mûrs)

1 blanc de poulet cru (55 g ou 2 oz)

65 ml (1/4 tasse) de crème

1 blanc d'œuf

4 cailles royales désossées

300 ml (10 oz) de vin de banyuls

500 ml (2 tasses) de fond de volaille**
   légèrement tomaté

30 ml (2 c. à soupe) de beurre doux

Quelques gouttes de sauce soya légère

Brosser les champignons et couper les pieds en fines rondelles. Les têtes seront tranchées en lamelles. Dans un poêlon, sauter les matsutakés, sans trop les colorer, à l'huile d'olive sur un feu moyen. Assaisonner* et ajouter 15 ml (1 c. à soupe) d'eau. Enfourner 5 minutes à 200 °C (400 °F), couvert d'un papier d'aluminium ou d'un couvercle. Replacer sur le feu ensuite et colorer avec un peu d'échalotes grises finement hachées. Réserver*.

Peler les muscats. À l'aide d'une épingle à cheveux, enlever les pépins de chaque grain, délicatement, par le trou laissé après l'avoir arraché de la grappe. Compter 5 à 6 raisins par personne (cette opération peut s'avérer fastidieuse mais les raisins deviennent de sensuels petits bonbons ainsi traités). Réserver.

Préparer la farce en mettant le poulet (très froid) dans un mélangeur électrique avec un peu de crème et actionner, ajouter un blanc d'œuf et le reste de la crème petit à petit. Assaisonner*. Poser les cailles, côté peau en dessous, sur la table de travail, bien étendues, de manière à les farcir aisément. Tapisser l'intérieur des cailles d'une fine couche de farce et y ajouter les champignons avant de fermer et de maintenir les volatiles bien scellés à l'aide d'un cure-dents.

Rôtir en colorant au poêlon, puis enfourner 15 minutes à 200 °C (400 °F). Laisser reposer 10 minutes à couvert dans un plat. Déglacer le contenant de cuisson avec le vin et porter à ébullition. Ajouter la même quantité de fond de volaille légèrement tomaté et réduire* jusqu'à l'obtention de 65 ml (1/4 tasse) de liquide. Monter* avec les deux cuillerées de beurre et ajouter une pointe de sauce soya. Passer la sauce au chinois, ajouter les raisins. Garder au chaud.

Au moment de servir, couper les cailles en deux et les passer au four à 200 °C (400 °F) quelques minutes recouvertes de papier d'aluminium beurré. Donner un seul bouillon à la sauce et placer au fond des assiettes creuses, en regroupant les fruits. Poser les demi-cailles dessus.

Les cailles royales sont de grandes cailles, plus faciles à désosser. Ce plat demandera un peu de patience, mais le résultat est vraiment très raffiné. Outre les pleurotes, quelques morilles sèches trempées dans un peu d'eau tiède peuvent remplacer les matsutakés au pied levé. On veillera à conserver cette eau de trempage qu'on ajoutera au fond de volaille.

Escalopes de veau au jambon de Parme et à la sauge (4 pers.)

« Une salade tiède de sous-bois »

8 escalopes de veau très fines de 70 g chacune (2 à 3 onces)

8 tranches de jambon de Parme (très fines et de même dimension que les escalopes)

Quelques feuilles de sauge

500 ml (2 tasses) de vinaigre balsamique

12 chanterelles moyennes (ou tout autre champignon de saison)

60 ml (4 c. à soupe) d'huile d'olive extra vierge

2 échalotes grises

1/2 botte de persil plat

Une petite laitue « feuille de chêne »

Sel de mer, poivre noir

Poser les escalopes de veau sur la planche de travail. Au besoin, avec le plat d'un couteau, les aplatir jusqu'à ce qu'elles soient très minces. Poser sur chacune d'elles les tranches de jambon de Parme et une feuille de sauge côté velu vers soi. Couvrir d'une pellicule plastique en pressant légèrement et garder au frais pour au moins 6 heures.

Chauffer une poêle à sec et colorer rapidement les escalopes une minute de chaque côté. Débarrasser* sur une tôle et déglacer* le contenant de cuisson avec le vinaigre ; laisser réduire presque à sec. Le vinaigre doit prendre une légère épaisseur. Réserver*.

Poêler les champignons avec 15 ou 30 ml (1 ou 2 c. à soupe) d'huile d'olive et ajouter les échalotes finement hachées en fin de cuisson. Réserver sur la tôle avec les escalopes. Bien couvrir d'un papier d'aluminium. Équeuter le persil, laver et essorer la salade.

Au moment de servir, assaisonner la salade avec le vinaigre de déglaçage, un filet d'huile d'olive, du sel et du poivre. Mélanger intimement. Poser les champignons puis les escalopes, rapidement passés au four, sur la salade. Parsemer de feuilles de persil. Servir tiède.

Essayez cette recette avec des poitrines de dinde ou toute autre volaille blanche. Comme par magie, la feuille de sauge et le jambon s'impriment dans les escalopes et donnent beaucoup de style à ce plat tout simple. À déguster au moment des derniers feux de l'automne !

Foie de veau en persillade, anchois, navets confits (4 pers.)

« Un échange terre-mer insolite »

16 petits navets

250 ml (1 tasse) de fond de volaille**

1 petite boîte d'anchois salés

1 échalote grise

454 g (1 livre) de foie de veau pâle d'une pièce

30 ml (2 c. à soupe) d'huile d'olive

500 ml (2 tasses) de vinaigre balsamique

125 ml (1/2 tasse) de persil fraîchement haché

10 ml (2 c. à thé) de câpres extra fines

Anchois frais (facultatif, voir p. 183)

Laver les navets, en couper les fanes à 2 cm des légumes et les cuire dans une petite casserole avec le bouillon de volaille (ou à l'eau légèrement salée). Ils doivent être fondants. Dessaler les anchois en conserve à l'eau tiède. Éplucher et hacher finement l'échalote. Enduire une épaisse tranche de foie de veau d'huile d'olive et rôtir à feu doux en prenant soin de colorer tous les côtés. Passer au four 5 minutes, couvert d'un papier d'aluminium, à 180 °C (350 °F). Retirer du four et laisser reposer au moins 10 minutes.

Déglacer* le contenant de cuisson avec l'échalote, les anchois dessalés et le vinaigre balsamique. Réduire* des trois quarts. Ajouter le liquide qu'aura rendu le foie en attente et passer au mélangeur afin d'obtenir une sauce fine et fluide. Passer au chinois extra fin.

Poêler les navets avec une goutte d'huile d'olive et trancher le foie en cubes, de façon à former des bouchées individuelles. Rouler ces cubes dans le persil haché puis les répartir dans les assiettes chaudes, en les intercalant de navets rissolés, avec la sauce aux anchois. On peut poser sur chaque morceau un filet d'anchois frais, juste mariné quelques minutes dans un peu de jus de citron. Ajouter une câpre sur chaque bouchée.

Les anchois frais sont parfois rares. Achetez-en si vous en rencontrez sur votre chemin. Ils sont très faciles à conserver en les recouvrant de gros sel durant 2 heures, puis, après les avoir rincés, en les couvrant d'huile (parfumée avec de l'ail, des piments et des herbes à votre goût) dans des pots stérilisés. Plus cette conserve attend, plus les anchois seront forts et goûteux. Bien couvrir d'huile après chaque prélèvement. Se conserve un mois au réfrigérateur. Une merveille sur des croûtons frottés à l'ail, à déguster très frais au cœur de l'été.

Aiguillettes de poulet aux mangues (6 pers.)

« Allégez, ensoleillez, partez... »

3 poitrines de poulet fermier avec la peau
(225 g ou 1/2 livre chacune)

Sel de mer, poivre noir du moulin

65 ml (1/4 tasse) de gingembre
découpé en julienne*

65 ml (1/4 tasse) de vinaigre clair

30 ml (2 c. à soupe) de sucre de canne

3 mangues (pas trop mûres)

15 ml (1 c. à soupe) d'huile d'olive

2 limes

30 ml (2 c. à soupe) d'huile de sésame foncée

30 ml (2 c. à soupe) de graines de
sésame rôties

Dans un poêlon et à sec, faire colorer les poitrines assaisonnées*, côté peau d'abord, puis les retourner et enlever la peau (qui s'enlève très facilement). Cette opération a pour but d'utiliser au maximum le gras que devrait renfermer la peau. Terminer la cuisson au four à 190 ºC (375 ºF) durant 15 minutes en couvrant d'un papier d'aluminium.

Pendant ce temps, réunir le gingembre et le vinaigre, détendu du même volume d'eau, et porter à ébullition avec un soupçon de sucre. Cuire 10 minutes sur un feu moyen.

Peler et trancher les mangues en lamelles d'un doigt d'épaisseur. Quand les poitrines sont prêtes, les débarrasser* sur une assiette et les remplacer par les mangues. Sauter à feu vif en rajoutant une cuillerée d'huile d'olive. Lorsqu'elles prennent une belle couleur dorée, ajouter le reste du sucre et faire caraméliser.

Trancher les poitrines en aiguillettes et monter un grand plat de service en alternant des tranches de volaille et de fruits. Couvrir et réserver* à la température de la pièce.

Porter le poêlon au feu et déglacer* avec le jus des limes, 30 ml (2 c. à soupe) du vinaigre de cuisson du gingembre et le jus qu'auront rendu les poitrines en attente. Au premier bouillon, monter* à l'aide de l'huile de sésame. Retirer du feu et en arroser le plat de volaille. Disposer harmonieusement le gingembre égoutté et parsemer de graines de sésame.

On peut déguster cette volaille presque africaine, légèrement tiède ou à la température de la pièce, avec une salade romaine croquante, ou encore réchauffée avec un riz basmati. Très rapide et simple, ce plat « tient » dans le degré de mûrissement des fruits. Trop mûrs, ils risquent de finir en compote ; trop verts, ils ne caramélisent pas. Il faut choisir les mangues au parfum qu'elles dégagent et juger de leur maturité en pressant légèrement du doigt sur la peau (qui doit être souple mais pas molle ni ridée).

Osso verde (6 pers.)

« Un osso buco déguisé en blanquette au vert »

6 tranches de jarrets de veau (225 g ou 1/2 livre chacune)

2 oignons

1/2 céleri

3 carottes moyennes

3 brins de thym

1 feuille de laurier

1 litre (4 tasses) de bouillon de volaille (ou de l'eau)

Sel de mer et poivre noir du moulin

2 bottes d'asperges fines

125 ml (1/2 tasse) de crème 35%

1 botte de basilic

60 g (2 oz) de fromage de chèvre au lait cru

1 poignée de feuilles d'épinards

15 ml (1 c. à soupe) de beurre doux à la température ambiante

Quelques croûtons

30 ml (2 c. à soupe) de ciboulette ciselée*

Réunir dans un rondeau* les morceaux de veau, les oignons émincés, le céleri et les carottes entiers, le thym et la feuille de laurier. Mouiller* jusqu'à l'immersion complète de la viande avec de l'eau ou un léger bouillon de volaille (les morceaux ne doivent pas se chevaucher). Porter à ébullition. Assaisonner*. Aux premiers frémissements, réduire le feu et cuire à faibles bouillons jusqu'à ce que les jarrets soient tendres (2 heures environ). Écumer régulièrement afin d'enlever les particules indésirables et le surplus de gras qui remontent à la surface.

Pendant ce temps, couper la tête des asperges à 5 cm environ et les cuire vivement dans un peu d'eau salée en prenant soin de les rafraîchir aussitôt dans l'eau glacée. Concasser grossièrement les queues des asperges et les cuire en les couvrant d'un peu de jus de cuisson de veau. Lorsqu'elles sont tendres, placer dans un mélangeur électrique avec la crème, le basilic, le fromage et quelques feuilles d'épinards crus. Actionner jusqu'à l'obtention d'une crème d'un beau vert tendre. Assaisonner*. Passer cette sauce au chinois fin et réserver*.

Égoutter les tranches de veau et retirer délicatement la moelle des os à l'aide d'une petite cuillère à thé. En garnir quelques toasts avec la ciboulette et réserver*. Dans la cavité de l'os, placer quelques pointes d'asperges, rapidement roulées dans une poêle avec la cuillerée de beurre chaud, et servir en accompagnant généreusement de sauce. Offrir les croûtons à part aux amateurs de moelle.

Il est important, afin de conserver le beau vert tendre de la sauce, de ne plus la faire bouillir. Si vous avez trop de coulis d'asperges, le congeler en petites quantités : il peut servir d'accompagnement à une pâte bien égouttée et ponctuée de pointes d'asperges.

Ris de veau en croûte d'amandes, salsifis à la crème (6 pers.)

« Le jeu des textures dans cette inspiration flamande »

6 noix de ris de veau de 115 g
  (1/4 livre) chacune

2 branches de céleri

1 oignon

3 carottes moyennes

30 ml (2 c. à soupe) d'huile d'olive

Bouquet garni*

3 gousses d'ail

454 g (1 livre) de salsifis frais

1 citron

250 ml (1 tasse) de crème

45 ml (3 c. à soupe) de beurre doux à la
  température ambiante

125 ml (1/2 tasse) d'amandes entières
  émondées et légèrement grillées

2 blancs d'œufs

250 ml (1 tasse) de farine de blé

Dégorger* les ris de veau la veille. Le lendemain, faire suer* les branches de céleri, les oignons, les carottes, grossièrement émincés, dans un peu d'huile d'olive. Ajouter le bouquet garni et l'ail. Placer les ris de veau égouttés dans la casserole et mouiller d'eau à mi-hauteur. Allumer le four à 180 °C (350 °F). Au premier bouillon, recouvrir la casserole et l'enfourner durant 20 minutes en prenant soin de retourner les ris à mi-cuisson.

Peler les salsifis et les tronçonner en morceaux réguliers de 5 cm de longueur. Les plonger immédiatement dans l'eau citronnée. À la fin de la cuisson des ris de veau, prélever 250 ml (1 tasse) du jus de cuisson et placer les salsifis dans ce liquide. Il doit couvrir les légumes. Rajouter du bouillon au besoin. Cuire environ 10 minutes en ajoutant quelques gouttes de jus de citron. Le fond de cuisson devrait avoir réduit de moitié. Ajouter la crème et faire réduire* de moitié (jusqu'à l'obtention d'une légère texture) et monter* avec la moitié du beurre.

Hacher grossièrement les amandes au couteau. Détendre les blancs d'oeufs avec une goutte d'huile d'olive et 5 ml (1 c. à thé) d'eau. Nettoyer les noix de ris méticuleusement en enlevant toutes les membranes. Les passer rapidement dans la farine, puis dans les blancs d'œufs et terminer la panure dans les amandes. Dorer les morceaux de ris à l'aide du reste du beurre et de l'huile réunis dans un poêlon à feu moyen. Lorsque les noix de ris de veau sont bien dorées, les couper en tranches épaisses. Dans les assiettes creuses, placer les salsifis avec leur crème et poser au centre de chacune d'elles une ou deux tranches de ris de veau.

Acheter des ris de veau n'est pas une mince affaire. Le ris est composé de deux parties, la noix et la gorge. Demandez toujours de la noix, bien nacrée et épaisse. Si vous décidez de cuire vos ris la veille, conservez-les au réfrigérateur avec un poids dessus afin qu'ils conservent leur densité.

Le triomphe du fond

Malgré toutes les tentatives pour l'éviter, il est, à un certain niveau de cuisine, demeuré indispensable. Le fond, c'est l'âme d'un plat.

Rappelons ce que nous entendons par fond, tant son usage semble rare de nos jours. C'est un jus d'os (de préférence des genoux) et de légumes. Les os peuvent, avant cette longue infusion, être colorés au four et enduits d'un peu de concentré de tomate ; on obtiendra alors un fond brun, pour réaliser des sauces qui iront sur les viandes rouges surtout. Pour les viandes blanches, les poissons et les volailles nous nous servirons de fonds blancs (sans coloration préalable). En général, il comporte un bouquet garni (thym, laurier, queues de persil), le trio des «bouillonnants», c'est-à-dire carotte, céleri, oignon, ainsi que les os ou parures*, le tout recouvert d'eau et porté à feu doux au point d'ébullition. On maintient ce frémissement durant 5 à 6 heures. C'est avec ces jus de base que l'on confectionne des sauces onctueuses et puissantes qui ne brûlent jamais le palais. Car voilà bien toute la féerie de ces fonds de cuisson. Ils allient réduction, donc renforcement du goût, à la gélatine (contenue dans les os) qui texture le liquide. Une fois réduite, cette décoction devient le support aux parfums que l'on désire utiliser. On peut donc réaliser des sauces qui enrobent sans utiliser de féculent, de crème, de beurre (même si les vrais amateurs de sauces aiment bien les monter* d'une noisette de beurre).

Il y a bien sûr de nombreux substituts que l'on trouve partout aujourd'hui et particulièrement dans les épiceries orientales. Des sauces «toutes prêtes» qui peuvent toujours servir en cas de panique. Mais

vraiment, sérieusement, on ne peut pas parler de cuisine. Ces sauces sont très agressives et brûlent la langue. Elles contiennent beaucoup de sel, de sucre, de produits succédanés, d'agents conservateurs, etc. En utiliser quelques gouttes ne peut faire de mal, mais en règle générale je n'utilise pas ces raccourcis. En effet, contrairement à une grande partie des consommateurs, je reçois les poissons et les viandes entiers. Je dois donc les désosser et c'est grâce aux os récupérés que je peux concocter des sauces aussi profondes. Pour maximiser le sacrifice d'un animal, je tente de tout récupérer et le fond me sert souvent de prétexte à alléger le contenu du frigidaire. Toutefois le fond ne saurait être considéré comme un fourre-tout. Il doit rester neutre car n'oublions pas, il s'agit d'une base. Comme le peintre qui dilue la couleur brute sur sa palette et arrive à ses propres

nuances, le cuisinier aura en réserve toutes sortes de fonds (au congélateur et en petites quantités) qu'il utilisera au moment venu.

C'est quand le patron est aux fourneaux que l'utilisation des fonds devient tout à fait évidente. Le cuistot se rend vite compte qu'il vaut mieux acheter les viandes et les poissons entiers, pour le prix bien sûr, mais aussi pour la variété de plats qu'il pourra proposer à sa clientèle. En commençant un plat par le fond, on passe des heures à se préparer les narines, à embaumer la cuisine, à dessiner dans sa tête le contour du plat. Ce n'est pas le moindre argument pour revenir aux fonds : la promesse d'un triomphe...

Bœuf rôti aux figues et échalotes confites (4 pers.)

« Se fondre dans la chair »

150 ml (5 oz) de Porto rouge

400 ml (13,5 oz) de vin rouge

8 échalotes grises

4 branches de romarin frais

15 ml (1 c. à soupe) de sucre brun

12 figues

4 morceaux de filet de bœuf de 200 g (7 oz) chacun

Huile d'olive

Sel de mer et poivre noir

500 ml (2 tasses) de fond de veau**

45 ml (3 c. à soupe) de beurre

4 fonds d'artichauts (voir p. 68)

250 ml (1 tasse) de purée de céleri-rave (voir p. 74)

Dans une petite casserole, réunir les deux vins et les échalotes épluchées ainsi qu'une branche de romarin. Ajouter 15 ml (1 c. à soupe) de sucre brun et cuire 10 minutes à faibles bouillons. Lorsque les échalotes sont fondantes, les égoutter et les remplacer par les figues. Il peut être utile (comme indiqué dans la recette « Tombée de figues au Porto », p. 222) de cribler les figues de petits trous, à l'aide d'une épingle, afin de faciliter la pénétration du jus de cuisson. Porter au feu à nouveau et cuire les fruits 2 à 3 minutes sous un couvercle. Réserver* avec les échalotes en prenant bien soin de conserver le jus de cuisson.

Badigeonner chaque filet d'une goutte d'huile d'olive et assaisonner*. Poêler la viande afin de la colorer de toutes parts et enfourner durant 5 minutes à 180 °C (350 °F). Sortir du four et laisser reposer 15 minutes recouvert d'un papier d'aluminium, sur une assiette retournée dans une autre assiette plus grande (afin que la viande ne baigne pas dans son jus et de récupérer celui-ci). Déglacer* le poêlon avec le jus de cuisson des figues-échalotes. Joindre ce déglacé au fond de veau et réduire* de moitié, monter* au beurre

et réserver. Farcir les fonds d'artichauts, après en avoir ôté le foin, avec la purée de céleri-rave et rouler les côtés dans du romarin finement haché.

Au dernier moment, passer les artichauts au four (à couvert afin d'éviter qu'ils ne «croûtent») durant 5 minutes. Placer les filets en attente sur une tôle, répartir dessus les échalotes et les figues. Couvrir d'un papier d'aluminium et enfourner quelques minutes (suivant la cuisson désirée).

Monter les assiettes préchauffées avec les filets entiers ou tranchés, ajouter une larme de sauce à laquelle on aura rajouté le jus rendu par la viande au repos et quelques épines de romarin.

Hors saison, des figues séchées peuvent remplacer les fruits frais. On veillera à les choisir assez souples, preuve de leur fraîcheur. Les faire mariner quelques heures dans le mélange vin-Porto avant la cuisson et prolonger celle-ci de 5 minutes à feu doux.

Nougat de bœuf aux pruneaux, salade de petits légumes (6 pers.)

« Un mijoté en terrine »

680 g (1 1/2 livre) de bœuf (plat de côte
    ou palette)

30 ml (2 c. à soupe) d'huile d'olive

1 oignon

15 ml (1 c. à soupe) de concentré (pâte)
    de tomate

500 ml (2 tasses) de bière artisanale

Sel de mer et poivre noir du moulin

125 ml (1/2 tasse) de pruneaux secs dénoyautés

1 sachet de gélatine en poudre

500 ml (2 tasses) de petits légumes au choix
    (betteraves, pommes de terre, navets, oignons,
    etc.)

Herbes du moment (tendres comme l'estragon,
    le basilic, le cerfeuil)

1/2 citron

100 ml (3,4 oz) de jus d'orange

Chutney aux pruneaux (voir recette plus bas)

Poêler le bœuf avec une cuillerée d'huile d'olive en le colorant de toutes parts. Le débarrasser* dans une grande casserole à fond épais. Ajouter l'oignon, que l'on aura émincé et coloré dans le même poêlon, puis le concentré de tomate. Couvrir avec la bière coupée de la même quantité d'eau. Il faut que les ingrédients soient totalement immergés. Assaisonner* très légèrement. Cuire 1 heure à faibles bouillons et ajouter les pruneaux. Cuire une autre heure en rajoutant de l'eau de temps à autre, de manière à garder les éléments dans la sauce.

Lorsque le bœuf est bien tendre, égoutter et laisser tiédir. Ôter toutes les parties indésirables et monter une terrine de taille moyenne en intercalant les pruneaux entre les morceaux de viande. Bien tasser.

Faire gonfler la gélatine dans un peu d'eau froide et l'ajouter au jus de cuisson encore chaud. Faire réduire* de moitié et passer au chinois fin. Verser délicatement la réduction dans la terrine en tassant bien la viande et placer au grand froid avec un poids dessus. Faire prendre pendant quelques heures (idéalement toute la nuit) au réfrigérateur.

Réunir quelques petits légumes, les blanchir* et en faire une salade à l'aide d'un peu d'huile d'olive, d'herbes du moment et d'un filet de jus de citron. Assaisonner*. Trancher la terrine selon l'épaisseur désirée et placer sur la salade avec une cuillerée de chutney aux pruneaux (voir ci-dessous) détendu d'un peu de jus d'orange.

Chutney aux pruneaux

Prendre 250 ml (1 tasse) de pruneaux et couvrir de jus d'orange. Ajouter 15 ml (1 c. à soupe) de gingembre, de piment fort et d'ail. Porter au feu avec une giclée de vinaigre blanc et 1 c. à thé de pâte de tamarin. Cuire environ 15 minutes à feu doux.

On peut varier à l'infini le montage de cette terrine. Abricots secs, noix et noisettes entières ou figues séchées peuvent prendre part à la fête. Si vous décidez de servir ce nougat chaud, il sera plus facile de le trancher avant d'enfourner. Déposez alors délicatement les tranches sur une tôle légèrement graissée, couvrez de papier d'aluminium, puis placez quelques minutes au four préchauffé.

Les desserts

Tartelettes aux prunes et au Cognac (6 pièces)

« Pas pour des prunes, cette galette de grand-mère »

6 fonds de tartelettes en pâte brisée**
500 g (1 1/8 livre) de petites prunes italiennes
75 g (2,5 oz) de beurre
150 g (5,3 oz) de poudre d'amande
75 g (2,5 oz) de sucre

1 œuf
30 ml (2 c. à soupe) de crème 35%
100 ml (3,4 oz) de Cognac

Préchauffer le four à 190 °C (375 °F). Foncer* les moules à tartelettes. Dénoyauter les prunes préalablement lavées et essuyées. Les couper en deux.

Préparer la crème d'amande en portant le beurre à fondre au bain-marie. Hors du feu, ajouter la poudre d'amande, le sucre, l'œuf, la crème en incorporant vivement tous ces ingrédients au fouet. Lorsque la crème est lisse, ajouter le Cognac et partager dans les moules.

Déposer les demi-prunes en cercle au centre de la préparation en les laissant émerger de moitié. Cuire au four à 190 °C (375 °F) durant 40 minutes. Démouler encore tiède et servir dans les heures qui suivent.

La petite prune italienne est la meilleure variété pour réaliser cette recette. Très abondante à la fin de l'été, elle aura tendance, une fois cuite, à devenir un peu acidulée. Personnellement, c'est un goût que j'aime, mais rien ne vous empêche d'atténuer cette ardeur en saupoudrant vos tartelettes d'un peu de sucre glace après ou avant la cuisson.

Tarte coco-mûres (8 pers.)

« Le sous-bois des tropiques »

1 fond de tarte en rognures* de feuilletage de 30 cm de diamètre

65 ml (1/4 tasse) de confiture de mûres

45 ml (3 c. à soupe) de beurre doux à la température ambiante

125 ml (1/2 tasse) de poudre d'amande

250 ml (1 tasse) de noix de coco râpée séchée

2 œufs

75 g (2,5 oz) de sucre de canne

Un filet de crème (100 ml ou 3,4 oz)

50 ml (1,7 oz) de rhum blanc

Préchauffer le four à 180 °C (350 °F). Foncer* le moule à tarte. Étendre la confiture également dans le fond.

Au bain-marie, fondre le beurre et y incorporer (hors du feu) la poudre d'amande, la noix de coco, l'œuf et le sucre. Détendre avec un peu de crème et quelques gouttes de rhum blanc. Répartir cet appareil* également sur la tarte de façon à masquer la confiture.

Enfourner durant 1 heure. Lorsque le dessus présente un bel aspect doré, sortir du four et démouler tiède encore sur une grille.

Confiture de mûres

Placer 450 g (1 livre) de mûres dans une grande casserole (bassine à confiture, si possible) avec un demi-verre d'eau. Ajouter le jus d'un citron. Porter à ébullition. Aux premiers bouillons, réduire le feu et cuire durant 10 minutes. Ajouter 300 g (10 oz) de sucre et faire à nouveau frémir pendant 15 minutes.

La noix de coco séchée est souvent vendue sucrée. C'est la raison pour laquelle je ne donne pas plus de sucre dans la crème de coco. Si vous préférez les desserts moins sucrés, vous pouvez confectionner vous-même la noix de coco séchée en la râpant finement et en l'enfournant durant 3 heures à 35 °C (90 °F). Remuez de temps à autre. La noix de coco séchée se conserve des mois dans un emballage hermétique.

Tarte aux coings (8 pers.)

« Un dur à cuire au cœur tendre »

3 coings

1/2 citron

1 gousse de vanille fendue en deux

1 litre (4 tasses) de sirop léger**

1 fond de tarte en pâte brisée** de 30 cm
de diamètre

250 ml (1 tasse) de lentilles ou de riz

500 ml (2 tasses) de lait entier

6 jaunes d'œufs

75 g (2,5 oz) de sucre (hors sirop)

45 ml (3 c. à soupe) de farine tamisée

50 ml (1,7 oz) de Cognac

1/2 sachet de gélatine en poudre

5 ml (1 c. à thé) de beurre doux

30 ml (2 c. à soupe) de pignons de pins

65 ml (1/4 tasse) de crème Chantilly**

Peler les fruits et les couper en cubes. Presser le demi-citron sur les coings, ajouter une demi-gousse de vanille et couvrir le tout de sirop léger. Porter à cuire durant une demi-heure environ (il faut que les fruits soient tendres mais entiers) sur un feu moyen.

Cuire le fond de tarte à blanc en le remplissant de lentilles ou de riz, en prenant soin au préalable de couvrir la pâte de papier ciré. Commencer la cuisson à 180ºC (350 ºF) puis, après 40 minutes, diminuer le four à 150ºC (300 ºF) et enlever les lentilles ou le riz de manière à «sécher» le fond de tarte. Cuire encore 15 minutes et sortir du four. Démouler sur un plat de service.

Réaliser une crème pâtissière en portant le lait au feu avec l'autre demi-gousse de vanille. Battre les jaunes avec le sucre et la farine. Verser le lait bouillant sur cet appareil et continuer de cuire à feu doux en remuant sans cesse. Lorsque la préparation commence à prendre, incorporer, hors du feu, le Cognac et la géla-tine ramollie dans un peu d'eau froide. Réserver*.

Égoutter les morceaux de coings et les faire rôtir à la poêle avec un peu de beurre. Bien caraméliser les fruits. Ajouter les pignons de pins et laisser colorer légèrement. Réserver.

Alléger la crème pâtissière refroidie avec la crème Chantilly et en garnir le fond de tarte jusqu'à mi-hauteur. Poser les fruits et les pignons de pins sur la crème et réserver au frais durant 2 heures avant la dégustation.

Le coing est le fruit du cognassier. Lorsqu'il est laissé quelques jours dans une corbeille, il embaume toute la cuisine de son parfum si caractéristique. Il faut redécouvrir ce fruit singulier qui arrive judicieusement au moment où l'on manque de fruits locaux sur nos étals. On peut aussi réaliser cette tarte avec des pommes directement poêlées et traitées comme les coings pochés, et un bon calvados, bien sûr, au lieu du Cognac.

Tarte au chocolat blanc et framboises (8 pers.)

« Le plus américain de mes desserts »

250 ml (1 tasse) de chapelure de biscuits Graham

65 ml (1/4 tasse) de beurre doux fondu

200 g (7 oz) de chocolat blanc

200 g (7 oz) de fromage à la crème

125 ml (1/2 tasse) de crème 35%

3 petits raviers de framboises (225 g ou 8 oz chacun)

Mélanger le beurre (fondu dans un bain-marie) à la chapelure de biscuits. Créer, avec ce mélange, un fond de tarte à l'aide d'un cercle* à foncer et d'une tôle à pâtisserie.

Dans le même bain-marie, fondre ensemble le chocolat blanc, le fromage et la crème. Donner un coup de fouet pour homogénéiser l'ensemble (on peut passer quelques minutes au robot culinaire pour lisser la préparation et s'assurer de l'absence de grumeaux) et verser dans le moule à tarte. L'idéal est d'avoir en épaisseur un peu plus de crème que de biscuit. Laisser tiédir.

Garnir la surface de framboises pendant que la crème est tiède afin qu'elles s'enfoncent quelque peu. Placer au frais quelques heures. Sortir quelques minutes du réfrigérateur avant de déguster avec un coulis de framboises**.

L'une des plus simples tartes, que l'on peut garnir à l'infini avec des fruits non coupés. Mûres, bleuets, groseilles, quartiers de mandarines, dattes, figues offrent d'excellentes garnitures.

Poires au vin rouge en demi-gelée de mûres (6 pers.)

« La philosophie du boudoir dans la poire »

6 poires Rochas

1 bouteille de vin rouge

1 feuille de laurier

3 branches de romarin frais

100 g (3,5 oz) de sucre

1 pot de gelée de mûres ou
autres fruits rouges

Quelques mûres pour la garniture

Boudoirs ou biscottis (voir recette p. 264)

Peler les poires, choisies légèrement tendres au bout des doigts, mais pas trop mûres. Les recouvrir de vin rouge. Ajouter les épices et les herbes (conserver quelques brins de romarin pour la garniture), le sucre et la gelée de mûres. Porter à ébullition et cuire à feu doux durant 15 à 20 minutes (suivant le degré de mûrissement des fruits).

Égoutter et ranger les poires dans un saladier. Passer le jus de cuisson au chinois fin et placer au frais jusqu'à l'obtention d'un léger épaississement.

Monter six assiettes creuses avec les poires et les mûres recouvertes à mi-hauteur de jus. Parsemer de romarin frais au moment de servir. Quelques boudoirs seront les compléments naturels de cette soupe de fruits d'automne.

La poire Rocha arrive du Portugal depuis le mois d'août jusqu'en avril. Elle est partout très présente et peu chère. Elle est une poire de choix en pâtisserie. Je sers souvent cette recette en accompagnement du gibier et de la viande rouge.

Soufflé au citron (6 à 8 pers.)

« Le soufflé n'attend pas le roi »

10 œufs
Beurre et sucre pour le moule
6 citrons
2 limes
100 g (3,5 oz) de beurre doux
200 g (7 oz) de sucre blanc

1 grosse orange
1 pincée de sel
Coulis de framboises**

Casser les œufs et séparer les blancs des jaunes. Beurrer généreusement un grand moule à soufflé (1 1/2 litre) et chemiser* de sucre (cette opération a pour but d'aider le soufflé à monter tout en caramélisant sur les bords).

Préparer la crème au citron en réunissant le jus des fruits, le beurre restant et la moitié du sucre dans une casserole en inoxydable. Porter à ébullition. Quand le beurre est fondu, le verser sur la moitié des jaunes d'œufs et remuer au fouet. Replacer le mélange dans la casserole et cuire en prenant soin de diminuer l'intensité du feu. Ne jamais cesser de remuer, à la spatule en bois, jusqu'à l'épaississement de la crème. Retirer du feu. Réserver* à couvert jusqu'au refroidissement complet.

Préchauffer le four à 180 °C (350 °F). Monter les blancs d'œufs en neige (comme une meringue) dans un récipient en inoxydable avec une pincée de sel. À mi-parcours, ajouter progressivement le reste du sucre et lorsque la neige est ferme, incorporer délicatement la crème au citron à l'aide d'une large spatule en bois. Cette opération doit se faire assez

rapidement pour éviter de voir retomber la préparation. Verser dans le bol à soufflé chemisé et placer au four environ 30 minutes. Il est impossible de savoir exactement le degré de cuisson du soufflé sans ouvrir le four. Il faut se servir de la lumière du four et, au moment venu, c'est-à-dire lorsqu'il présente un joli plateau doré sur le dessus et qu'il semble bien monté, ouvrir doucement la porte du four et toucher le moule délicatement à l'aide d'un linge. Le soufflé doit être ferme et ne pas «trembler» en son centre. Servir immédiatement avec le coulis de framboises.

Des instruments propres, sans aucune trace de gras, des blancs parfaits sans filaments jaunes, la pincée de sel avant de monter la meringue, voilà les « essentiels » pour la réussite de tous les soufflés. Celui-ci est immanquable, grâce au citron qui allège considérablement l'appareil* à soufflé.

Minitartelettes au sucre brun et aux pommes (30 pièces)

« Un autre secret volé à mon maître, le grand Attilio Basso »

175 g (6 oz) de pâte brisée**

2 pommes au choix

75 g (2,5 oz) de beurre doux fondu

1/2 citron

1 œuf

150 g (5,3 oz) de cassonade foncée

65 ml (1/4 tasse) de crème 35% fouettée

Foncer* un moule à minitartelettes avec la pâte brisée. Préchauffer le four à 180 °C (350 °F). Peler et émincer finement les pommes, les étuver* dans le tiers de beurre et le jus du demi-citron. Cuire jusqu'à évaporation complète du liquide. Réserver.

Mélanger le reste du beurre fondu, l'œuf, le sucre brun au fouet et y incorporer, à la spatule en bois, la crème fouettée. Placer les pommes dans le fond des tartelettes et verser dessus l'appareil* à sucre. Cuire au four durant 30 minutes en diminuant le four à 165 °C (325 °F).

J'aime ce format de minitartelettes, idéal pour les tables de desserts variés. Il existe maintenant une foule de moules en silicone, très pratiques pour la cuisson de petites pièces. Vous pouvez, bien sûr, réaliser ce dessert en tarte aux dimensions de votre choix. Pour une tarte de 8 personnes, compter 1 heure de cuisson à la même température.

Carrés de semoule
à l'eau de rose (pour 30 pièces)

« Se mouler l'un à l'autre… »

1 litre (4 tasses) de lait entier

250 g (9 oz) de semoule moyenne (couscous)

175 g (6 oz) de beurre doux

200 g (7 oz) de poudre d'amande

250 g (9 oz) de sucre

3 œufs

250 ml (1 tasse) de crème 35 %

5 ml (1 c. à thé) d'eau de rose

Beurre et farine pour chemiser* le moule

Sucre glace

Couper le lait de 500 ml (2 tasses) d'eau et mettre à bouillir. Verser encore bouillant sur la semoule et laisser absorber pendant quelques minutes. Fondre le beurre au bain-marie et ajouter, hors feu, la poudre d'amande, le sucre, les œufs entiers et la crème. Remuer le tout vivement au fouet durant 2 ou 3 minutes. Préchauffer le four à 180 °C (350 °F).

À l'aide d'une large spatule en bois, mélanger la semoule cuite et la crème d'amande et parfumer de quelques gouttes d'eau de rose. Verser le tout dans un moule chemisé* de beurre et de farine (une tôle à pâtisserie de 2 à 3 cm de profondeur). Étendre à la spatule et cuire au four durant 30 minutes. En fin de cuisson, colorer légèrement le dessus sous le grill. Laisser refroidir et détailler en carrés réguliers. Saupoudrer de sucre glace.

L'eau de fleur d'oranger peut très bien remplacer l'eau de rose dans cette recette.

Vous pouvez réaliser facilement quelques « tuiles » avec des pétales de roses pour accompagner en couleur vos carrés de semoule. Voici comment procéder : effeuillez quelques roses non traitées dans un saladier. Tremper chaque pétale dans un peu de blanc d'œuf légèrement battu, puis dans du sucre cristallisé. Placer chaque pétale sur une tôle de cuisson et enfourner dans un four à 100 °C (200 °F) durant 2 heures.

Glace au thé indien

« Un thé à l'envers »

500 ml (2 tasses) de crème ou de lait

Thé noir

Sucre

Cardamome

Gingembre frais (de la grosseur d'une noix)

Porter 500 ml (2 tasses) de lait coupé de la même quantité d'eau à ébullition. Verser 10 ml (2 c. à thé) de thé noir, le sucre au goût (le vrai chai est terriblement sucré).

Écraser du plat du couteau quelques gousses de cardamome et trancher finement le gingembre sans le peler. Ajouter ces condiments au thé et faire bouillir le tout en remuant sans cesse la casserole.

Le thé prend alors une jolie couleur beige foncé. Laisser refroidir et passer à la sorbetière après avoir filtré. On peut servir cette glace avec quelques pétales de violette confits et des fruits rouges de saison.

En Inde, le thé est généralement parfumé comme décrit à la page ci-contre. Mais il y a des variantes parfois surprenantes. Poivre noir concassé, cannelle, safran, clou de girofle sont parfois convoqués dans ce bouillon de surprises.

Roulés aux dattes (30 pièces)

« La quadrature du cercle »

250 g (9 oz) de dattes dénoyautées (Deglet Nour d'Algérie)

400 ml (13,5 oz) de jus d'orange

50 g (1,7 oz) de beurre doux

100 g (3,5 oz) de pistaches entières

Pour le biscuit à succès

Beurre et farine pour chemiser la tôle à biscuit

8 blancs d'œufs

100 g (3,5 oz) de sucre

75 g (2,6 oz) de poudre d'amande

50 g (1,7 oz) de farine tamisée

Placer les dattes dans une casserole et les couvrir de jus d'orange. Ajouter une noisette de beurre. Cuire à feu doux durant 20 minutes en remuant de temps à autre avec une spatule en bois. Piler légèrement de façon à obtenir une pâte serrée. Réserver*.

Biscuits à succès

Chemiser* à la farine une tôle à biscuit. Préchauffer le four à 180 °C (350 °F). Battre les blancs avec le sucre en fine meringue, incorporer la poudre d'amande et la farine à la spatule large en soulevant la masse de façon à éviter que les blancs ne retombent trop vite. Étaler sur la tôle et cuire à 180 °C (350 °F) jusqu'à l'obtention d'un léger blondissement (10 à 15 minutes). Laisser refroidir.

Couper le biscuit en deux dans l'épaisseur à l'aide d'un couteau à pain, puis en carrés de 20 cm de côté. Tartiner de purée de dattes refroidie, puis rouler chaque morceau serré de manière à obtenir des rouleaux bien compacts et sans bulles d'air (un peu comme on réalise des sushis). Placer au réfrigérateur durant 1 ou 2 heures enveloppé séparément d'un film plastique.

Griller les pistaches et les concasser grossièrement. Sortir du froid les rouleaux aux dattes, tartiner finement les côtés d'un peu de purée de dattes, afin d'y faire adhérer la pistache concassée. Couper en morceaux réguliers avant de servir à la température de la pièce.

Très polyvalent, le biscuit aux amandes, appelé biscuit à « succès », se conserve très bien au réfrigérateur durant plusieurs jours et des mois au congélateur. Il entre dans la composition de nombreuses recettes en pâtisserie. C'est un biscuit vite cuit et très simple à réaliser.

Tuiles aux amandes (pour 30 pièces)

« De la dentelle au beurre »

75 g (2,6 oz) de beurre doux

250 ml (1 tasse) de farine tamisée

250 ml (1 tasse) de sucre

250 ml (1 tasse) de blanc d'œuf

1 pincée de sel

Beurre pour chemiser* la tôle

30 g (1 oz) d'amandes effilées

Fondre les 75 g de beurre au bain-marie. Réunir dans un bol, la farine, le sucre et les blancs d'œufs. Ajouter une pincée de sel. Verser le beurre dans le bol, dès qu'il est fondu, et fouetter énergiquement. Réserver* au frais durant 2 heures.

Préchauffer le four à 200 °C (400 °F). Chemiser* une tôle, et partager dessus la pâte en cuillerées de la grosseur d'une noix (laisser un espace de 10 cm entre elles). Étendre, à l'aide du dos d'une cuillère humide, en fines crêpes. Saupoudrer d'amandes effilées et enfourner à 200 °C (400 °F) quelques minutes.

Surveiller de temps à autre après 2 minutes. Lorsqu'elles atteignent une belle couleur blonde, sortir la tôle du four et placer les biscuits dans un moule à tuile (plaque de refroidissement ondulée) ou sur un manche à balais placé (suspendu) à l'horizontale afin d'imprimer une forme vaguée (il faut faire vite : en refroidissant, ce biscuit devient très croustillant). Recommencer l'opération jusqu'à l'épuisement de la pâte.

Les plaques antiadhésives de silicone sont aujourd'hui au service des particuliers. Néanmoins, j'aime cette traditionnelle cuisson sur tôle chemisée car elle procure au biscuit un croustillant unique. On peut varier à l'infini la garniture des tuiles, sésame, pistaches, noisettes effilées, épices, etc. La grande souplesse de cette pâte, avant son refroidissement, permet de réaliser des contenants pour les glaces, sorbets et fruits.

Palets caramélisés (30 pièces)

« Du croquant dans la pâte »

250 g (8 à 9 oz) de rognures* de feuilletage
1 œuf
100 g (3,5 oz) de cassonade foncée
150 g (5,3 oz) d'amandes entières

Abaisser la pâte en un grand rectangle à 2 ou 3 mm d'épaisseur. Couper en larges bandes de 5 cm. Détendre un jaune d'œuf dans un peu d'eau et badigeonner les bandes de pâtes, puis saupoudrer de sucre brun et d'amandes grossièrement concassées.

Superposer les morceaux de pâtes de façon à obtenir un lingot régulier (il faut au moins quatre à cinq bandes de pâtes pour réaliser de véritables palets) en pressant bien à chaque ajout de pâte. Emballer d'un film plastique et placer au congélateur durant 1 ou 2 heures.

Au moment de cuire, allumer le four à 200 °C (400 °F). Sortir la pâte du congélateur, la découper à l'aide d'un couteau assez lourd et tranchant en lamelles de 2 à 3 mm d'épaisseur. On devrait donc obtenir des carrés de 5 cm de côté.

Placer sur des tôles à biscuits en prévoyant beaucoup d'espace entre les biscuits car ils ont tendance à s'épancher facilement.

Cuire 10 minutes à 200 °C (400 °F), puis diminuer le four à 120 °C (250 °F) et bien faire sécher les palets 10 autres minutes en les retournant. Ils doivent êtres bien caramélisés et tout à fait cuits afin de pouvoir les conserver plusieurs jours dans une boîte hermétique.

La pâte feuilletée est trop précieuse pour ne pas prendre soin d'en récupérer les moindres chutes. Voici un excellent exemple de ce que l'on peut faire avec elles.

Tombée de figues au Porto

« Une compote en bouchées de soleil »

Une dizaine de figues

1/2 bouteille de Porto

5-10 ml (1-2 c. à thé) de sucre

Feuille de laurier

2 branches de thym

15 ml (1 c. à soupe) d'épices concassées :
cardamome, clou de girofle, bâton de cannelle,
fenouil en grains

Essuyer une dizaine de figues et les piquer à l'aide d'une aiguille. Cette opération a pour but de « nourrir » la figue de son jus de cuisson sans qu'elle ne se désintègre. Couvrir jusqu'à mi-hauteur de Porto et ajouter une ou deux cuillerées de sucre.

Cuire 10 minutes à faibles bouillons avec une feuille de laurier, deux branches de thym et 15 ml (1 c. à soupe) d'épices concassées. Laisser refroidir dans son jus. Servir avec des « biscottis » ou des boudoirs.

Utilisez, pour cette recette, les toutes petites figues de Californie, vendues en raviers, très sucrées et qui possèdent une peau résistante à la cuisson. On peut, une fois les figues pochées, les égoutter et les poêler quelques minutes en les caramélisant. Servies avec une bonne glace à la vanille fraîchement turbinée, ces figues offrent un dessert tout en contraste.

Pain perdu au rhum et aux poires (8 pers.)

« Le pain retrouvé aux Antilles »

1 baguette assez large (genre pain parisien)

500 ml (2 tasses) de lait

100 ml (3,4 oz) de rhum

Extrait de vanille

3 œufs

50 g (1,7 oz) de beurre doux

125 ml (1/2 tasse) de sirop d'érable

Tronçonner la baguette en biais. Il faut en avoir huit tranches assez épaisses. Mettre à tremper dans le lait rehaussé de rhum et de vanille. Battre légèrement les œufs entiers.

Porter une poêle à feu vif et y mettre le beurre à fondre. Passer les tranches de pain dans les œufs, puis faire dorer dans le beurre noisette**. Lorsqu'elles sont dorées d'un côté, les retourner et les enduire de sirop d'érable, recommencer l'opération pour faire caraméliser. Servir avec le caramel de cuisson et des poires épicées.

Poires épicées

Peler huit poires et les mettre à pocher, en les couvrant d'eau citronnée. Ajouter un peu de sucre (évaluer le degré de mûrissement des fruits ; en général il faut 100 g (3,5 oz) de sucre pour 1 litre (4 tasses) d'eau et une demi-gousse de vanille. Cuire les poires jusqu'à ce qu'elles soient fondantes. Égoutter. Dans une poêle, faire griller à sec les épices suivantes : cardamome, poivre rose, clou de girofle et baie de genévrier (très peu), graines de coriandre entières. Cette subtile torréfaction permettra une meilleure diffusion des épices. Réserver et broyer au pilon. Dans la même poêle, faire dorer les poires au beurre, ajouter un peu de sucre, laisser caraméliser et enrober d'épices.

Le secret d'un bon pain perdu (ou doré) est dans l'épaisseur des tranches de pain. Il faut que les tranches soient bien colorées mais moelleuses en dedans.

Papa chocolat

Pour la plupart de mes camarades d'école, mes copains, la bande de cancres du fond de la classe, l'image du père à la maison était celle du patron. La voix du patriarche se levait plus souvent pour la sanction que pour le cri de joie et ils redoutaient tous un retour à la maison désastreux avec des bulletins déprimants. Disons que sur ce chapitre, j'ai eu de la chance, le destin m'a donné un père tout en douceur, un être d'une rare indulgence, qui faisait confiance au faible, donnait une chance à ceux qui en manquaient, écoutait les refoulés de la parole et, accessoirement, pardonnait aux enfants. Cet amour de père allait disparaître beaucoup trop tôt dans ma vie. C'était un artisan indépendant, dans un domaine presque folklorique en Belgique : le travail du sucre et du chocolat. Tout, dans ses mains, prenait une saveur unique, celle de la bonté.

Je l'ai vu au travail durant des années, la radio déroulant toute la journée ses rubans de « grande » musique (c'était son expression), qui accompagnait à merveille les parfums de chocolat fondu sur les marbres impassibles. C'était une véritable débauche pour mes jeunes sens ! Pâte d'amandes, vanille, kirsch, fruits marinés dans l'alcool, caramel, noisettes grillées, toutes ces odeurs me tournaient la tête. Je m'amusais à deviner les recettes

de la journée en m'échinant le soir sur la vaisselle qui me laissait, je dois le dire, de beaux restes.

C'était la vie douce entre la chaleur de l'énorme four à charbon et les deux réfrigérateurs en bois (comme on le sait, la température joue un rôle principal dans le travail du chocolat), mon père dirigeant l'orchestre des saveurs, tandis que, spectateur gourmand juché sur un tabouret, je dégustais les pièces imparfaites. Nous passions de longues heures sans dire un mot ; les rumeurs de Schubert nous parvenaient faiblement. C'était un temps d'avant bruit. Un temps retenu, volé aux autres, un temps pour nous seuls, pour oser ce beau silence froissé seulement de quelques gestes répétitifs. Des frôlements de spatules. Au moment du départ, nous rangions les outils, rituel pour la paix des ateliers, éteignions les lumières, un serrement au cœur, tandis que les derniers soupirs du poêle semblaient nous dire adieu.

Ce lieu magique fait partie de mes plus beaux souvenirs d'enfance. Mon père avait acheté la bâtisse dans les années 1930, mais deux décennies plus tard, les affaires étant moins prospères, il fut obligé d'en louer la majeure partie à un boulanger. Un homme d'une taille

impressionnante, toujours en maillot de corps, qui me bourrait de croûtes de pain brûlées en me faisant croire que cela aidait à siffler comme un rossignol. Cet artisan avait fait du rez-de-chaussée un joli magasin avec, à l'arrière, la salle des machines et ses impressionnants malaxeurs. Une chambre d'horreur qui allait alimenter mes pires cauchemars. Ça sentait la levure jour et nuit, je n'y traînais jamais longtemps, préférant la chaleur de l'atelier de papa qui se trouvait désormais au bout d'un dédale de murs et de jardins demeurés intacts.

Cet endroit allait être le royaume de mes aventures. J'adorais y jouer au foot en solitaire, me servant des murs comme partenaires imaginaires, avec en guise de but, un petit cabanon abritant la réserve de charbon. J'y massacrais joyeusement les parterres de fleurs. Chaque année, le jour de Pâques, les lilas en fleurs, les rosiers grimpants, les petits arbres fruitiers du jardin qui survivaient à mes tirs de ballons, fournissaient à mon père autant de cachettes pour y mettre des œufs en chocolat qu'au réveil, je devais évidemment trouver. Devant mes parents, que je voyais rarement rire ensemble, je retournais chaque feuillage, jouant à fond la surprise pour ne pas nuire à la mise en scène. J'en avais pour deux semaines de régal ! J'attendais les cloches et leur

cortège de douceurs avec impatience. Comme si je devais manquer de friandises…

Je me souviens qu'un jour, désirant un peu d'intimité avec une de ses nouvelles conquêtes, mon père me déposa au cinéma les poches pleines de manons (praline très populaire en Europe, faite de chocolat blanc retenant une onctueuse crème vanillée et une noisette grillée). Les copains me rejoignirent, avides de goûter aux prodigalités de papa. C'était *Ben Hur* et ses trois heures de projection qui venaient à bout des derniers manons tout ramollis au fond des poches. Mes mains s'y hasardèrent avec délectation. Difficile à partager dans de telles conditions. Résultat : crise de foie attendue et retour blême dans les bras de ma mère.

Ces crises, qui se succédaient dangereusement, ne freinèrent en rien ma gourmandise et occasionnèrent d'ailleurs de violentes disputes entre mes parents. Nous vivions au-dessus d'un petit magasin de bonbons que mon père possédait dans un quartier populaire de Bruxelles. Le matin, avant de partir à l'école, je volais quelques sucreries, quelques munitions pour la dure journée qui s'annonçait, ce qui allait faire de moi un des gosses les plus populaires de la cour de récré. Nous

n'étions pas riches, mais je pense que beaucoup de mes compagnons m'enviaient. Ils devaient m'imaginer croulant sous les sucreries de toutes sortes. Ce en quoi ils n'avaient pas tort. Mon père espérait que le dégoût me prendrait avec le temps et que mon foie me réclamerait plus de sagesse. Peine perdue. Aujourd'hui encore, je reste très émotif devant l'odeur du chocolat qui fond dans le bain-marie. L'enfance me remonte au visage d'un seul coup et je ferme les yeux. Je goûte encore cette main parfumée d'essences torréfiées qui passait rapidement sur ma joue.

C'était un intuitif, un autodidacte éclairé par une intelligence des sens peu commune. En retrouvant son carnet de recettes, des années après sa mort, j'ai découvert, à côté de ses recettes courantes, de petits poèmes, des dessins, des gribouillis de toutes sortes. J'ai pu ainsi mieux comprendre cet homme et trouver les réponses aux questions que je n'ai jamais osé lui poser. Parti à treize ans de son village du Brabant flamand, il est engagé comme apprenti en pâtisserie (nous sommes dans les années 1920), puis se spécialise en confiserie. Dès l'âge de vingt-cinq ans, il ouvre un salon de dégustation des plus chics dans le quartier du jardin botanique de Bruxelles. Art déco,

jeunes vendeuses en habit noir et tablier brodé, chocolats fins, glaces moelleuses et clientèle des plus sélectes, voilà toute l'ambiance à la veille des grands tremblements qui allaient secouer une seconde fois ce siècle fou.

La guerre faucha bon nombre de belles adresses. Le chocolat devenait rare et inaccessible même au marché noir ; on le voyait passer comme un trésor. Le temps des privations arriva, le salon, déserté par ses belles élégantes, n'allait pas survivre. Il sombra comme beaucoup d'autres artisanats de luxe dans ce temps effroyable. Après ce désastre, une autre ère allait s'ouvrir, celle de l'industrie. Les bas prix, la disponibilité, le choix, devenaient de sérieux concurrents aux artisans, aussi réputés soient-ils.

On connaît la suite. Tous disparaîtront. Comme une bonne partie de l'artisanat de cette époque, la confiserie de luxe n'était plus assez rentable pour espérer, après des années de privation, la reprise de cet artisanat raffiné. Les cours du cacao ne cesseront de monter, la rareté qui nous menace aujourd'hui n'était pas encore perceptible mais la production en masse de pralines standardisées et l'introduction d'agents conservateurs

n'allaient pas améliorer la qualité de ces petits bijoux noirs. Il faudra attendre le début des années 1990 pour voir réapparaître les artisans confiseurs avec de nouvelles recettes, fruits d'audacieux alliages, proposant des saveurs inspirées de produits exotiques, de nouvelles formes de chocolats fins.

Je revois ce beau visage au-dessus du miroir sombre des chocolats étalés sur les marbres, la spatule voltigeant comme un papillon agile pour guider cette épaisse et odorante masse tiède. Rien de tout cela ne s'effacera de ma mémoire. Je commençais à vivre, à comprendre, à m'éveiller au monde au moment même où j'avais devant moi un maître au sommet de son art. Il avait la mi-cinquantaine, sa vie, c'était cette infinie répétition des mêmes gestes, ce ballet millimétré par les années. Il s'en était sorti grâce à ce métier mais, comme beaucoup de gens qui ont traversé les manques, il travaillait encore énormément, redoutant l'avenir, craignant continuellement le retour des privations. La musique de sa vie semblait toujours s'emballer en *allegretto vivace*.

Son cœur ne tint pas. Après un long traitement, il revint à l'atelier devenu poussiéreux, l'âme brisée mais le métier toujours dans les mains, prêt à servir encore.

Il conserva une courte liste de clients pour maintenir ces belles mains actives, l'atelier survécut tant bien que mal, avec des fermetures épisodiques, mon père ayant résolu de voyager un peu. Liban, Andalousie, vallée du Rhin, il se lança sur la piste des voyages qu'il avait toujours rêvé de faire comme si l'échéance fatale se rapprochait à grands pas. C'est effectivement au retour d'un de ces voyages en 1972 qu'il mourut à 69 ans d'un cancer foudroyant.

Voilà. J'avais 13 ans et j'étais orphelin d'un père adoré, la route s'ouvrait devant moi, plus rien ne me retenait. Grâce au souvenir de cet homme, j'allais être guidé dans la vie par un merveilleux métier. Son regard par-dessus mon épaule m'accompagne tous les jours dans mon travail. J'en ai souvent ressenti l'onde chaleureuse et, travaillant quelquefois la nuit dans le silence, je crois encore entendre les doux arpèges de Schubert que nous écoutions autrefois. Comme j'aimerais alors avoir, sur un tabouret, à côté de moi, cet homme remarquable et silencieux, comme si nous inversions les rôles, lui le tabouret, moi la spatule, le papillon.

Gâteau tiède au chocolat des enfants (12 pers.)

« Un cratère de plaisir, léger comme un rêve d'enfance »

200 g (7 oz) de chocolat noir de couverture (75%)

150 g (5,3 oz) de beurre doux

200 g (7 oz) de sucre

10 œufs entiers

Beurre et farine pour chemiser un moule de 24 cm de diamètre

50 g (1,7 oz) de poudre d'amandes

50 g (1,7 oz) de farine

1 pincée de sel

Fondre le chocolat au bain-marie avec le beurre (en prenant soin d'en prélever une belle noix pour enduire le moule), la moitié du sucre et 100 ml (3,4 oz) d'eau. Casser les œufs et séparer les blancs des jaunes. Chemiser* le moule à la farine. Préchauffer le four à 180 °C (350 °F) et griller très légèrement la poudre d'amandes. Mélanger avec la farine et réserver*.

Lorsque le chocolat est fondu (il doit avoir une consistance fluide), monter les douze blancs avec une pincée de sel en incorporant petit à petit le reste du sucre. Amalgamer, à la spatule en bois, le chocolat et la neige de blancs (garder la valeur de 60 ml (4 c. à soupe) de chocolat pour le glaçage en ajoutant le mélange farine-amandes délicatement pour ne pas faire retomber la préparation. Enfourner 30 minutes.

Après démoulage, lorsque le gâteau est encore tiède, étendre à la spatule le reste du chocolat fondu (au besoin, rajouter un peu d'eau et réchauffer au bain-marie). Servir tiède avec une cuillerée de crème anglaise** dans laquelle on aura fait infuser quelques feuilles de menthe.

Il est très important de ne pas surcuire ce gâteau afin d'en conserver le moelleux. Un truc : quand le gâteau est froid, introduire des pastilles (ou des éclats) de chocolat pur dans les morceaux précoupés et réchauffer quelques secondes au micro-ondes ou au four à 200 °C (400 °F) durant quelques minutes. Le chocolat fond gentiment dans le gâteau, une sensation vraiment intense !

Île flottante au gingembre, crème à la lavande (4 pers.)

« Un peu du Sud dans la neige »

500 ml (2 tasses) de lait entier

Quelques brins de lavande

6 œufs

1 boîte de sirop d'érable (500 ml ou 2 tasses)

30 ml (2 c. à soupe) de gingembre frais
    finement haché

1 pincée de sel

1 morceau de gingembre confit

2 mandarines

Mettre le lait à bouillir avec quelques brins de lavande (en réserver deux ou trois feuilles pour le décor). Casser les œufs et séparer les blancs des jaunes. Placer les jaunes dans un bol avec un quart du sirop d'érable. Fouetter énergiquement afin de bien amalgamer les deux masses et verser dessus le lait bouillant. Remettre à cuire à feu très doux (ou mieux encore au bain-marie), en remuant continuellement à la spatule en bois, jusqu'à l'obtention d'un léger épaississement. Filtrer et réserver*.

Placer le gingembre frais avec le reste du sirop d'érable dans une petite casserole. Porter au feu et réduire* de moitié. Laisser tiédir à la température ambiante. Battre les blancs d'œufs avec une pincée de sel. Dès qu'ils commencent à prendre du volume, ajouter progressivement la moitié du sirop réduit et battre très énergiquement jusqu'à l'obtention d'une neige très ferme.

Former de grandes quenelles à l'aide de deux cuillères de service ou une large spatule et pocher dans une grande casserole d'eau frémissante. Laisser de l'espace entre les cuillerées car la neige va gonfler légèrement. On peut également mouler la neige dans de petits bols à soufflé bien beurrés et les cuire au four au bain-marie – 15 à 20 minutes à 180 °C (350 °F) – ou alors carrément au micro-ondes, toujours en petits bols à soufflé, durant 30 secondes à la puissance maximale.

Escaloper le gingembre confit. Monter les îles flottantes en assiette creuse avec la crème anglaise réalisée précédemment et le sirop réduit restant. Décorer à l'aide du gingembre confit, de quelques quartiers de mandarine et de feuilles de lavande.

Au moment de planter vos herbes, pensez à réserver une place pour la lavande. J'en cultive, pour mon usage personnel, depuis bien longtemps, sur une terrasse l'été et près d'une fenêtre l'hiver. Ah, le plaisir furtif de passer la main dans cette odorante chevelure !

Meringue et sorbet aux figues de Barbarie (6 pers.)

« Le fruit du désert dans un écrin spongieux et accueillant »

6 blancs d'œufs

150 g (5,3 oz) de sucre

Beurre et farine pour chemiser* la tôle

12 figues de Barbarie (poires de cactus)

500 ml (2 tasses) de sirop léger**

50 ml (1,7 oz) de tequila

Préchauffer le four à 100 °C (200 °F). Dans un grand bol, monter les blancs d'œufs avec une pincée de sel. Ajouter le sucre progressivement jusqu'à l'obtention d'une neige brillante et aérienne mais surtout très ferme. À l'aide d'une poche à large douille, monter de petites meringues rondes de 5 cm de diamètre sur la plaque chemisée. Enfourner et cuire de 3 à 4 heures en surveillant de temps à autre la cuisson. Baisser le four au minimum. Les meringues doivent rester blanches et surtout être cuites jusqu'au cœur. Réserver*.

Peler les fruits avec des gants de ménage. Ils peuvent encore êtres couverts de toutes petites aiguilles. Écraser au presse-purée et passer au tamis cette pulpe de fruit. Ajouter le sirop léger et le verre de tequila (qui n'est rien d'autre que l'alcool que l'on tire de ces fruits). Turbiner en sorbetière jusqu'à la consistance désirée. On peut également placer ce mélange au congélateur en le remuant toutes les demi-heures et réaliser ainsi un merveilleux granité. Conserver au congélateur.

Au moment de servir, dans des verres glacés, intercaler les meringues et de généreuses cuillerées de sorbet. Terminer par quelques tranches de figues ou des baies de grenades.

Les meringues se conservent très longtemps au sec. Elles sont admirables dans les glaces et les sorbets et peuvent être parfumées de quelques gouttes d'essence de fleurs (oranger, rose, lavande, etc.).

Succès pralinés (30 pièces)

« La virtuosité pâtissière au service du thé oriental »

250 g (9 oz) de sucre

8 jaunes d'œufs

250 g (9 oz) de beurre doux à la température ambiante

1 tôle de biscuit à succès (voir « roulés aux dattes », p. 216)

200 g (7 oz) de pâte d'amandes

Extrait de pistache (facultatif)

100 g (3,5 oz) de masse pralinée (voir plus bas)

Pour la nougatine

100 g (3,5 oz) de sucre

150 g (5,3 oz) de pistaches décortiquées

30 g (1 oz) de beurre doux

Placer les 100 g (3,5 oz) de sucre dans une casserole (idéalement en cuivre) avec une cuillère à potage d'eau et réaliser un caramel en faisant fondre le sucre doucement et le portant ensuite à la température de 170 °C (340 °F) (si l'on dispose d'un thermomètre). Le sucre devrait atteindre une belle couleur blonde. À ce moment précis, hors du feu, ajouter les pistaches et le beurre en petites parcelles. Bien remuer à la spatule en bois et vider sur un marbre ou sur une tôle à pâtisserie légèrement huilée. Laisser refroidir et concasser à l'aide d'une masse ou d'un pilon. Réserver*.

Mettre les 250 g (9 oz) de sucre au feu avec un soupçon d'eau et cuire comme on le ferait pour l'étape précédente mais en arrêtant la cuisson au grand lissé à 103 °C (340 °F), toujours si l'on utilise un thermomètre. On peut, à l'aide d'une fourchette, vérifier l'état de cuisson du sucre en trempant l'ustensile et en le retirant. S'il se forme des fils souples, le sucre est prêt.

À l'aide d'un fouet électrique à grande vitesse, détendre les jaunes d'œufs et incorporer petit à petit le sucre encore chaud. L'ensemble devrait s'alléger considérablement. Battre jusqu'à ce que la température redescende pour rejoindre celle du beurre. Incorporer celui-ci peu à peu, en noisettes régulières, jusqu'à ce que la crème prenne et blanchisse.

Mélanger avec la masse pralinée et la nougatine de pistache réalisée précédemment. Il faut un certain tour de main pour réussir cette crème. Si le beurre est trop froid, placer quelques instants sur un bain-marie avant de retravailler la crème. Si, à l'inverse, le beurre tourne à cause d'une température trop élevée, travailler la crème sur un grand bol d'eau contenant des glaçons.

Découper le biscuit en bandes de la dimension d'un moule carré. Superposer biscuit et crème jusqu'au bord du moule et placer au frais durant 2 heures. Découper en lingots et enrouler dans la pâte d'amandes préalablement colorée d'extrait de pistache (facultatif) et abaissée à 2 mm d'épaisseur au rouleau à pâtisserie (en utilisant du sucre glace en guise de farine). Réserver au frais emballé dans un film plastique. Découper en bouchées régulières 1 heure avant de servir.

Se déguste avec un merveilleux thé cachemiri que l'on obtient en infusant dans le thé vert quelques baies de cardamone, un bâton de cannelle et une pincée de pistils de safran. On peut y ajouter des pommes séchées (ou tout autre fruit sec disponible).

La masse pralinée se trouve en épicerie fine, parfois sous le nom de pralin ou pâte de noisettes. Elle est généralement vendue claire ou foncée suivant le degré de torréfaction des noisettes.

Bien réussir la crème au beurre demandera peut-être plusieurs essais. La température est au centre de la réussite de cette recette ancestrale. Une fois la crème réalisée, elle peut se conserver très longtemps au congélateur ou simplement au réfrigérateur et être « réveillée » au bain-marie tout doucement au fouet, puis hors feu dès que le beurre commence à fondre. Une alchimie d'un autre âge, du moléculaire depuis la nuit des temps…

Feuilletés aux figues et au miel, granité pommes-hydromel (30 pièces)

« Pour confondre l'été et l'automne »

4 pommes Cortland

1 pomme verte

1 citron

100 g (3,5 oz) de sucre

500 ml (2 tasses) d'hydromel

8 figues fraîches ou 200 g (7 oz) de figues séchées

150 g (5,3 oz) de beurre doux

50 g (1,7 oz) de miel de première qualité

100 g (3,5 oz) de poudre d'amandes

Eau de fleur d'oranger

1 paquet de pâte filo

25 g (1 oz) de sucre

Peler les pommes en prenant soin de réserver deux ou trois pelures de couleurs différentes pour le décor. Citronner ces pelures, les couper en très fine duxelles* et réserver*. Découper les fruits en cubes et cuire, recouverts de sucre, à feu doux. Réaliser une compote homogène que l'on pourra passer au mélangeur si l'on désire une compote très lisse. Détendre à l'aide de l'hydromel et placer au congélateur en remuant de temps à autre avec une spatule en bois. On obtiendra un granité d'une surprenante texture, presque aussi onctueux qu'un sorbet et que l'on pourra décorer avec la duxelles de pelures de pommes.

Peler les figues fraîches et les mettre à cuire une dizaine de minutes avec une noisette de beurre et le miel sur un feu moyen. Écraser grossièrement à la fourchette. Préparer la farce avec la compote de figues et la poudre d'amandes légèrement grillée au préalable. Parfumer de quelques gouttes d'eau de fleur d'oranger et bien mélanger. Découper des bandes de pâtes filo de 10 cm de largeur sur une longueur de 30 à 40 cm (taille généralement utilisée par les fabricants), badigeonner de beurre fondu et parsemer de sucre. Placer une cuillerée à café bien pleine de farce au début de chaque bande et former des triangles en repliant la pâte sur elle-même. Préchauffer le four à 180 °C (350 °F). Lorsque les feuilletés sont prêts, placer sur une tôle à biscuits et cuire au four 15 à 20 minutes en surveillant la cuisson. Les feuilletés doivent êtres blonds mais cuits. On peut les lustrer avec un peu de miel chauffé et détendu de quelques gouttes d'eau. Servir avec un bol de granité aux pommes et quelques figues fraîches simplement coupées en deux et garnies de crème fouettée au kirsch.

Vous pouvez utiliser des figues séchées pour farcir vos feuilletés. Faire tremper les fruits dans un verre de rhum et chauffer doucement au bain-marie avec une cuillerée de beurre et une autre de miel. Détendre à la fourchette jusqu'à l'obtention d'une pâte assez ferme.

Marronnier (pour 8 petits gâteaux individuels)

« Le rendez-vous d'automne »

6 œufs

200 g (7 oz) de sucre

100 g (3,5 oz) de farine

Farine et beurre pour chemiser* un moule carré
    de 25 cm de côté

150 g (5,3 oz) de purée de marron non sucrée

500 ml (2 tasses) de crème 35%

1 sachet de gélatine en poudre

1 citron

Extrait d'amande

Extrait de pistache (ou colorant alimentaire vert)

150 g (5,3 oz) de pâte d'amandes

Demi-marrons glacés (facultatif)

Préparer une génoise en cassant les œufs dans un bol en acier inoxydable. Ajouter 50 g (1,7 oz) de sucre et battre vivement au bain-marie jusqu'à l'obtention d'une mousse légère et dont la chaleur est à peine supportable au doigt. Incorporer la farine délicatement à la spatule. Verser dans le moule et enfourner à 165 °C (325 °F) durant 20 minutes.

Au bain-marie, détendre la purée de marron avec un filet de crème et 50 g (1,7 oz) de sucre. Fouetter légèrement et ajouter la gélatine, qu'on aura fait gonfler dans un peu d'eau froide. Bien mélanger afin d'obtenir une crème lisse (on peut la passer au mélangeur afin d'être sûr d'éliminer les grumeaux). Laisser tiédir.

Monter le reste de la crème en chantilly**, puis incorporer délicatement la crème de marrons tiède à l'aide d'une spatule. Réserver* au frais. Réunir, dans une petite casserole, 300 ml (10 oz) d'eau et 50 g (1,7 oz) de sucre, un zeste de citron et quelques gouttes d'extrait d'amande afin de faire un sirop. Donner un seul bouillon, réserver et laisser refroidir. Préparer la pâte d'amandes avec une goutte d'extrait de pistache (ou de colorant vert) afin d'obtenir un beau vert pâle. À l'aide d'un petit cercle* à foncer (de 6 à 8 cm de diamètre), découper seize petits disques dans cette pâte d'amandes préalablement abaissée au rouleau à 2 ou 3 mm d'épaisseur. Prélever à l'aide du même ustensile des disques dans la génoise refroidie et coupée en deux ou en trois dans le sens de la hauteur. Les disques de génoise doivent être aussi fins que possible.

Monter les petits gâteaux comme suit : commencer par placer la génoise dans le fond des cercles à foncer. Puncher* avec le sirop, masquer* d'une bonne cuillerée de mousse de marron et couvrir de pâte d'amandes. Bien tasser (on doit arriver à mi-hauteur des moules) et recommencer l'opération. On finit, bien sûr, par une belle tranche de pâte d'amandes. Poser une noisette de mousse de marron au-dessus de chacun des gâteaux, en plein milieu, de façon à faire adhérer un marron glacé. Réserver au réfrigérateur pendant 4 heures minimum. Servir avec un peu de crème anglaise**.

Le marron entre dans la préparation de l'un des plus grands desserts d'hiver. Achetez de la purée de marron non sucrée. Le prix de revient est moins élevé, et la quantité de sucre restera sous votre contrôle. Une fois bien montée, cette mousse de marron se conserve en petits pots individuels et peut ainsi servir de dessert improvisé, une fois retournée sur un chocolat à peine fondu et délayé d'un peu d'eau.

Baba-calva (8 pers.)

« Chanter la pomme »

Beurre et farine pour chemiser le moule

6 œufs

100 g (3,5 oz) de sucre

50 g (1,7 oz) de beurre doux fondu

120 g (4,4 oz) de farine blanche

50 g (1,7 oz) de beurre doux fondu

5 ml (1 c. à thé) de poudre à pâte

200 ml (6,8 oz) de lait entier à la température ambiante

1 pincée de sel

Pour la garniture

6 pommes Golden

15 ml (1 c. à soupe) de cassonade

3 branches de thym frais

Pour le sirop

100 g (3,5 oz) de sucre

500 ml (2 tasses) d'eau

200 ml (6,8 oz) de calvados

Chemiser* huit petits moules à baba. Allumer le four à 180 °C (350 °F). Casser les œufs et séparer les blancs des jaunes. Réserver* les blancs. Réunir dans un grand bol la moitié du sucre et les jaunes d'œufs. Mélanger énergiquement au fouet rigide. Ajouter le beurre fondu (en conserver 2 c. à soupe pour cuire les pommes), la farine et la poudre à pâte. Bien mélanger. Détendre avec le lait en l'incorporant petit à petit pour éviter les grumeaux. Réserver.

Battre les blancs d'œufs en neige avec une pincée de sel en incorporant progressivement le reste du sucre. Réunir les deux masses très délicatement à la spatule en bois. Partager dans les moules et enfourner durant 20 minutes. On peut s'assurer de la cuisson des babas en introduisant une fine lame au centre de ceux-ci : si elle en ressort sèche, les gâteaux sont prêts.

Pendant la cuisson des babas, préparer le sirop en réunissant le sucre et l'eau. Porter à ébullition et retirer immédiatement du feu, laisser tiédir. Ajouter le calvados et réserver. Éplucher les pommes et les couper en huit. Les poêler avec le beurre réservé, en les colorant légèrement et en ajoutant la cassonade à mi-cuisson. Lorsque les fruits sont bien caramélisés, parsemer de thym frais émietté et réserver au chaud.

Démouler les babas dans un plat creux et arroser généreusement de sirop. Disposer harmonieusement les quartiers de pommes et leur caramel. Servir chaud.

Cette recette de baba, vraiment très simplifiée, est immanquable. On peut naturellement flamber devant
les invités. Méthode un peu archaïque, après avoir chanté la pomme, pour déclarer votre flamme.

Nougat glacé aux pistaches, crème au safran (8 pers.)

« Un dérivé du rasmalai, le plus populaire des desserts indiens »

200 g (7 oz) de pistaches décortiquées non salées

500 ml (2 tasses) de crème à 35%

200 g (7 oz) de miel

6 blancs d'œufs

1 pincée de sel

250 ml (1 tasse) de chapelure de biscuits Graham

50 g (1,7 oz) de beurre doux fondu

Crème anglaise au safran

500 ml (2 tasses) de lait

6 jaunes d'œufs

75 g (2,6 oz) de sucre

Pistils de safran

Rôtir les pistaches au four afin de les colorer légèrement. Laisser complètement refroidir et hacher finement. Monter la crème au fouet et débarrasser* au frais lorsqu'elle est bien prise. Chauffer le miel avec une cuillerée d'eau afin de le liquéfier et donner quelques bouillons.

Monter les blancs d'œufs avec une pincée de sel et incorporer le miel, encore tiède, petit à petit. Quand les blancs sont fermes, ajouter la crème fouettée et les pistaches en attente en prenant soin d'en réserver pour le décor.

Tapisser le fond de huit petits cercles à foncer* de chapelure Graham «collée» à l'aide du beurre fondu. Bien tasser la préparation au fond des récipients et verser dessus la crème à nougat jusqu'à ras bord des moules. Placer au congélateur au moins 3 heures, idéalement toute la nuit. Juste avant de servir, couvrir le dessus des nougats de concassé de pistaches réservé et démouler sur une cuillerée de crème anglaise au safran.

Crème anglaise au safran

Mettre le lait à bouillir et le verser sur les jaunes mélangés au sucre. Reporter sur un feu très doux en remuant sans cesse à l'aide d'une spatule en bois. Dès que l'on perçoit un léger épaississement, retirer du feu et assaisonner de quelques pistils de safran.

À essayer avec toutes les noix et quelques fruits confits colorés pour les soirs de fête. J'aime beaucoup la finesse gustative de la pistache rôtie, dont la poudre vert tendre fait un merveilleux « buvard » en pâtisserie.

Amour-Zone

Les fruits tropicaux nous arrivent depuis le milieu des années 1970, période à laquelle je commençais à m'intéresser à la cuisine. Ils étaient pour nous, les apprentis cuistots, une source de curiosité inépuisable et parfois, il faut bien l'avouer, nous n'avions aucune idée de ce que nous pouvions en tirer. Nous leur appliquions simplement les recettes sucrées-salées que nous connaissions. Les mangues avec le poulet (remplaçant le traditionnel poulet compote), la goyave en sorbet, les cœurs de bœufs (chérimoya) en purée pour les pâtisseries, le kiwi en salade de fruits, les qumquats avec le canard, etc. Nous les recevions toujours verts et il n'était pas facile d'en déterminer le goût et donc d'imaginer des associations réussies pour ces produits inconnus. Les voyages, heureusement, m'ont ouvert les yeux et les papilles. J'ai été, depuis ce temps, souvent inspiré

par les cuisiniers officiant dans les pays d'où ces merveilles proviennent.

Le Brésil à lui seul mériterait un livre entier sur le sujet. Terre de mystère, de mélanges raciaux, de noirceur et de lumière éclatante, c'est un pays qui me fascine depuis toujours. J'en ai longtemps rêvé, lisant jusqu'à plus soif les aventures des chercheurs de caoutchouc du début du siècle dernier (Don Fernando), écoutant avec délectation les somptueuses bossas-novas du maître Antonio Carlos Jobim et, un peu plus tard, j'ai fantasmé sur la femme brésilienne, dansante et endiablée dans la démarche, langoureuse dans le regard. Les années 1960 nous avaient laissés pantois devant l'audacieuse architecture des Niemeyer et Van der Rohe qui donnait à ce pays un formidable élan créateur. Adolescent, tout ce que j'aimais se

trouvait là-bas à la portée de mes sens. Le café, le football, la mer, les fruits, la musique, la couleur de la peau, la douce mélodie de la langue et... l'Amazone. Ce géant blessé dont les eaux coulent aujourd'hui vers un triste destin.

Les massacres de ce jardin fabuleux et de ses habitants ne se comptent plus, hélas. Le fleuve, qui semblait avoir le dessus sur ces horreurs, doit aujourd'hui faire face à son pire ennemi : le développement sauvage. Les machines infernales arriveront bientôt à bout de l'une des plus grandes beautés du monde : l'écrin vert de ces eaux précieuses. De plus, le régime alimentaire brésilien est fondé sur une grande consommation de viande et une importante partie de ce « poumon du monde » doit être détruite pour créer les pâturages dont les bovins ont besoin. Quand on sait

le fourrage que ces bêtes consomment, on est pris de vertige. Le pays étant devenu un gros exportateur de viande, les Mac Donald's s'approvisionnent ainsi à bon compte. On rêve d'un hamburger végétarien ! Comme en Inde où la viande est remplacée par un mélange de pois chiches et de lentilles en pâté légèrement frit et épicé. Je ne cesserai de le répéter, face à notre planète de plus en plus exsangue, les fruits et les légumes offrent une alternative hautement créatrice en brûlant dix fois moins d'énergie.

À Belém do Para, le marché Ver-o-Peso (littéralement : voir le poids) donne le tournis. *Tamarillos, maracuja, fruta boa*, fruit jacquiers, nèfles, tubercules de toutes sortes, manioc bien sûr, sous toutes ses formes, débordent des étals. Et puis toute la pharmacie amérindienne, faite de poudres et de mystères, de

rituels sacrés, de racines inconnues et de pâte de fruits. Il faut tout essayer… et en subir les conséquences.

Je me souviens d'avoir expérimenté la guarana, une racine dont on extrait le jus et qui donne une sensation légèrement euphorisante. Aujourd'hui, elle est commercialisée à grande échelle sous forme de boisson pétillante, évidemment très diluée; elle n'en demeure pas moins une excellente alternative au Coca-Cola. Il existe au Brésil de très bons glaciers. Installés près de la plage, ils offrent des produits faits d'une diversité impressionnante de fruits amazoniens. Vous pouvez demander votre mélange personnel sous forme de *milk-shakes* onctueux.

La meilleure vanille du monde provient de cette zone de la planète. Les gousses, gorgées de graines minuscules, y sont d'une rare fraîcheur. On peut l'utiliser ailleurs que dans la pâtisserie. Avec les fruits de mer, par exemple, le homard en papillote, les pétoncles (légèrement saisis et tartinés de ces précieux points noirs). La cuisine locale n'est pas très épicée, ce qui est étonnant dans un pays aussi chaud. Comme à Cuba d'ailleurs, un pays qui partage avec le Brésil de nombreux points communs. Heureusement que les fruits sont là pour égayer un peu la table, qui, il faut bien le dire, n'est pas une préoccupation nationale.

Le poivre vert est cultivé dans la région de Bahia. Il est très subtil. Floral et doux, c'est en effet le seul condiment que l'on peut trouver pour relever quelques

sauces. Ce n'est certes pas l'artillerie lourde, j'utilise donc sur les poissons, peu consommés par les Brésiliens et pourtant délicieux.

Mais le fruit que j'adore là-bas est le maracuja. On l'appelle dans nos pays « fruit de la passion » et ce n'est pas abusif de parler de ce fruit en ces termes. Gros comme une balle de tennis, lorsqu'on le tranche en deux il offre une myriade de graines d'un jaune vif éclatant, à la saveur intense. Deux ou trois de ces fruits suffisent à parfumer un gâteau pour 12 personnes. En manger donne une impression de force, de vitalité, tant nos papilles sont sollicitées par ce goût unique et déroutant. J'ai monté, avec ces fruits, des soufflés aériens qui ne retombent jamais. Un sorbet fait de son jus demandera une grande quantité de

sirop tant il est concentré. Son prix est élevé, soit, mais il en faut peu pour régaler une table entière.

Je me prends parfois à rêver que l'amour ressemble à ce fruit. Mûrissant au soleil de toute une vie commune, comme lui sa peau dure renferme une chair tendre, acide et douce à la fois. Il doit sa liqueur à l'alternance de nuits fraîches et de jours brûlants ou le contraire... Il a dû s'accrocher fermement pour résister à tous les vents et rester discret pour se cacher des oiseaux voraces. Comme l'amour, même si on ne l'a goûté qu'une seule fois, on s'en souvient pour le reste de sa vie.

Tira-passion (8 pers.)

« La passion selon saint Biscuit »

250 ml (1 tasse) de jus de fruit de la passion
  (maracuja)
250 g (9 oz) de fromage Philadelphia
150 g (5,3 oz) de sucre blanc
500 ml (2 tasses) de crème 35%
1 sachet de gélatine en poudre
100 ml (3,4 oz) de rhum blanc

1 paquet de biscuits « boudoirs »
2 fruits de la passion entiers pour
  le décor (facultatif)

Porter le jus de fruit de la passion à réduire* de moitié sur un feu vif. Dans un bain-marie, faire fondre le fromage découpé en petits morceaux avec 100 g (3,5 oz) de sucre et la moitié de la crème, remuer de temps à autre à l'aide d'un fouet rigide (au besoin, passer au mélangeur : la crème doit être très lisse). Ajouter la gélatine que l'on aura fait gonfler dans un peu d'eau froide et le jus de fruit réduit. Laisser tiédir en couvrant afin d'éviter que se forme une croûte sur cet appareil*.

Réaliser un sirop avec 50 g (1,7 oz) de sucre délayé dans 1/4 de litre (1 tasse) d'eau. Porter à ébullition, donner un seul bouillon et rehausser de rhum une fois refroidi. Réserver*. Trancher les biscuits pour les adapter à la dimension d'un moule à gâteau pour huit personnes et les plonger dans le sirop, un à un, en les plaçant immédiatement dans le moule. Tapisser toutes les parties visibles du moule et réserver.

Monter le reste de la crème au fouet et l'incorporer délicatement, à la spatule, au mélange fromagé. Garnir le moule avec la moitié de la préparation. Placer d'autres biscuits punchés* au centre et recouvrir avec le reste de la crème. Réserver au frais durant au moins 4 heures. Juste avant de servir, démouler le tira-passion en passant un petit couteau trempé dans l'eau chaude tout autour des parois intérieures du moule (on peut aussi le servir tel quel, à la cuillère, à l'italienne).

Couper les «maracuja» en deux et, à l'aide d'une petite cuillère, récupérer la chair dans un petit bol. Napper chaque portion de gâteau d'une cuillerée de cette pulpe de fruit. Servir avec un bon coulis de framboises**.

Voici le gâteau le plus simple à réaliser. Il peut s'adapter à une foule de parfums selon le même principe.
Je préfère utiliser du fromage Philadelphia, beaucoup plus léger, que le Mascarpone. On peut encore alléger
cette crème en « coupant » la crème fouettée de quatre blancs d'œufs montés en meringue.

Tarte tatin aux mangues et aux pommes (6 pers.)

« Une variante tropicale de la classique tarte des demoiselles, la plus géniale erreur de la cuisine française »

4 mangues (Alfonso de préférence)

2 pommes Golden

454 g (1 livre) de pâte feuilletée

30 ml (2 c. à soupe) de beurre doux

75 g (2,6 oz) de sucre de canne

30 ml (2 c. à soupe) de gingembre finement haché

200 ml (6,8 oz) de vin liquoreux (genre barsac ou sauternes)

Préchauffer le four à 200 °C (400 °F). Peler et trancher les fruits en part égales. Abaisser* la pâte feuilletée, en découper un disque de la taille du diamètre du poêlon qui ira au four. Colorer les fruits à l'aide du beurre, ajouter le sucre et faire légèrement caraméliser. Poser le disque de pâte sur les fruits et enfourner immédiatement.

Cuire environ 30 minutes (jusqu'à ce que la pâte soit joliment dorée). Au sortir du four, retourner sur un plat de service, déglacer le poêlon avec le gingembre finement haché et le vin. Placer ce caramel détendu autour des morceaux de tarte.

Une « tatin » doit offrir des fruits bien caramélisés et une pâte bien croustillante. Un tout petit truc pour ne pas trop mouiller votre pâte feuilletée en démoulant la tarte : attendre quelques minutes avant de retourner le poêlon. Le caramel aura tendance à se solidifier et à moins envahir la pâte cuite. Cependant, il ne faut pas trop attendre, car le caramel pourrait bien garder votre tarte au fond de la poêle.

Glace fouettée à la papaye (8 pers.)

« Un dessert brésilien ponctué de chaudes épices »

1 grande papaye bien mûre

1 lime

30 ml (2 c. à soupe) de sucre de canne

200 g (7 oz) de brisures de biscuits spéculoos
  (voir p. 256)

500 ml (2 tasses) de crème glacée à la vanille

Peler et découper la chair de papaye en cubes de 2 cm de côté et en réserver la moitié dans un bol avec quelques gouttes de lime et le sucre de canne.

Concasser quelques biscuits spéculoos et bien tasser au fond des verres de présentation. Placer dessus les cubes de papayes marinées et débarrasser* au frais. Juste avant de servir, passer l'autre moitié de la chair de papaye au mélangeur avec la glace vanille.

Actionner en quelques coups brefs et verser dans les verres en attente jusqu'à mi-hauteur. Répéter le montage jusqu'au bord du verre. Saupoudrer de brisures de spéculoos.

J'ai été stupéfait de la sensation gustative de cette glace, la première fois qu'on me l'a présentée. C'était au Brésil, pays de tous les fruits. La texture que procure le mélange de la papaye bien mûre à la crème glacée est tout simplement renversante. C'est une glace à essayer si vous n'avez pas de sorbetière, mais sachez que le mixage doit se faire très rapidement. Conservez les verres au congélateur entre chaque opération.

Spéculoos

« Une galette folklorique qui sent bon
le beurre et l'ailleurs »

250 g (9 oz) de farine

250 g (9 oz) de cassonade foncée

250 g (9 oz) de beurre mou

5 ml (1 c. à thé) de cannelle en poudre

3 ml (1/2 c. à thé) de muscade en poudre

125 g (4,5 oz) de gingembre confit en duxelles*

1 pincée de sel

5 ml (1 c. à thé) de bicarbonate de sodium
(poudre à pâte)

Mélanger tous les ingrédients dans un grand bol et laisser reposer au moins 2 heures à la température de la pièce en prenant soin de recouvrir le bol d'un linge.

Au moment de cuire les biscuits, allumer le four à 180 °C (350 °F). Abaisser* la pâte à 3 mm d'épaisseur et découper à l'aide d'un emporte-pièce les formes désirées. Cuire durant 15 minutes et retourner ensuite sur une grille.

Ce biscuit belge, traditionnellement servi aux enfants lors de la Saint-Nicolas (une sorte de père Noël exclusivement pour eux et qui arrive tous les 6 décembre), représentait autrefois des personnages du théâtre populaire. Les moules en bois étaient sculptés pour recevoir la pâte à biscuits, de sorte qu'en les démoulant, on pouvait reconnaître les grandes figures de cet art de la rue. De là viendrait le nom de spéculoos, du latin « spéculum », qui signifie : miroir. Mais je crois davantage que ce nom vient tout simplement des épices (en latin : species) qui composent ce délicieux biscuit.

Risotto-coco (4 pers.)

« Un riz onctueux et riche pour mettre l'hiver au tapis »

1 litre (4 tasses) de sirop léger**

500 ml (2 tasses) de fruits séchés (abricots, canneberges, pruneaux, etc.)

100 ml (3,4 oz) de kirsch

15 ml (1 c. à soupe) de beurre doux

125 ml (1/2 tasse) de riz arborio

1 gousse de vanille

250 ml (1 tasse) de lait de coco

250 ml (1 tasse) d'eau

150 g (5,3 oz) de sucre

Crème anglaise

5 ml (1 c. à thé) de safran

Faire bouillir le sirop et le verser sur les fruits séchés en ajoutant une bonne rasade de kirsch. Couvrir et réserver* à la température de la pièce.

Dans une casserole à fond épais, fondre le beurre et placer le riz en remuant constamment. Le riz s'enrobe de beurre et devient légèrement transparent. Ajouter la vanille fendue et le sucre puis mouiller avec le lait de coco coupé d'eau, petit à petit, tout en remuant sans cesse comme on le ferait pour un risotto salé. S'il manque de cuisson alors que l'on n'a plus de liquide, rajouter un peu d'eau. Débarrasser* dans un grand bol en porcelaine ou en verre et placer au frais durant au moins 2 heures.

À l'aide de deux grandes cuillères de service, former des quenelles de riz. Les poser délicatement sur la crème anglaise, dans laquelle on aura fait infuser le safran. Garnir avec les fruits gonflés au sirop.

Le lait de coco est très riche. Le couper à l'eau facilitera l'absorption du lait de coco par le riz. On peut placer le riz dans de petits moules individuels en inoxydable et démouler sur la crème afin de monter chaque dessert comme un gâteau.

Crêpes pralinées (30 pièces)

« Un dessert de bistro sans âge »

250 g (9 oz) de farine

6 œufs entiers

150 g (5,3 oz) de beurre doux

1 pincée de sel

175 g (6 oz) de sucre

1 litre (4 tasses) de lait entier

Sucre en poudre

Pour la crème pralinée

65 ml (1/4 tasse) de beurre doux à la température ambiante

65 ml (1/4 tasse) de pâte pralinée (voir recette de succès pralinés, p. 236)

Mettre la farine dans un grand bol, faire un puits et verser les œufs entiers au centre. Ajouter le beurre fondu, la pincée de sel, le sucre et battre énergiquement au fouet rigide. La masse, grâce à la grande quantité de beurre, devrait se former facilement sans grumeaux. Ajouter le lait petit à petit jusqu'à ce que la pâte devienne très fluide (il faut que la pâte nappe la cuillère ; ajouter du lait au besoin). Laisser reposer 1 ou 2 heures au frais.

Porter une poêle au feu à sec. Lorsqu'elle est bien chaude, verser une petite louche de pâte au centre de la poêle et faire glisser la pâte en tournant l'instrument sur lui-même afin de bien étendre la pâte sans y toucher. Retourner celle-ci et prolonger la cuisson de quelques secondes. Réserver* les crêpes, joliment colorées, sur une assiette.

Au mélangeur électrique, mêler les 65 ml (1/4 tasse) de beurre et la masse pralinée intimement, de façon à obtenir une crème bien lisse. Tartiner les crêpes refroidies et plier en deux ou en quatre. Réserver.

Au moment de déguster, préchauffer le four à 180 °C (350 °F). Placer les crêpes dans le fond des assiettes, deux par convive, passer rapidement au four et saupoudrer de sucre glace.

D'une simplicité désarmante, cette recette de crêpe peut se faire longtemps à l'avance et être réchauffée rapidement au four directement sur les assiettes. Le fait de « beurrer » généreusement la pâte évite de graisser le poêlon à chaque cuisson de crêpe. Attention à ne pas laisser trop longtemps au four ; la garniture, en fondant, pourrait se libérer de la crêpe.

Soupe de fruits au banyuls

« Le baiser de l'été »

Fruits de saison

Une bouteille de vin de banyuls

Épices au goût (cannelle, anis étoilé, clous de
   girofle, cardamome, vanille, laurier sont les
   bienvenus dans cette marinade)

Feuilles de menthe

Ramasser tous les fruits disponibles en saison.
Ananas, pêches, abricots, mangues, poires, prunes,
papayes, pommes grenades, fraises, framboises,
mûres, groseilles, cerises, bleuets, etc.

Verser sur les fruits le contenu d'une bouteille de vin
de banyuls avec les épices désirées. Y faire infuser
quelques feuilles de menthe. Mettre quelques heures
au frais. Servir avec des biscottis à la cardamome (voir
p. 264).

Dérivée de la sangria chère aux Espagnols, cette soupe de fruits gagne en intensité avec le temps. Le banyuls, un vin rouge doux et naturel, donne beaucoup de puissance aux fruits. Si vous utilisez des fruits durs (pommes, poires, ananas ou melons), faites bouillir le vin avec les épices une minute avant de le verser sur les fruits.

Biscottis à la cardamome (30 pièces)

30 ml (2 c. à soupe) de baies de cardamome

250 ml (1 tasse) de farine

250 ml (1 tasse) de sucre

250 ml (1 tasse) de poudre d'amande

125 g (4,4 oz) de beurre doux à la température
ambiante

3 ml (1/2 c. à thé) de poudre à pâte

3 ml (1/2 c. à thé) de bicarbonate de sodium

65 ml (1/4 tasse) d'eau tiède

65 ml (1/4 tasse) de noisettes entières
décortiquées

Fendre les baies de cardamome et les décortiquer.
Cette épice renferme une myriade de petites graines
noires. Éliminer les enveloppes vertes et rôtir très
légèrement les graines à sec avant de passer au
pilon.

Réunir la farine, le sucre, la poudre d'amandes, le
beurre en pommade, les deux ferments (levure et
bicarbonate) et l'eau tiède. Bien malaxer, ajouter les
noisettes entières et la poudre de cardamome.
Lorsque la pâte est bien amalgamée, la séparer en
deux pains de forme oblongue et les placer sur une
plaque allant au four. Laisser reposer 1 heure, recouvert d'un linge, à la température de la pièce.

Cuire au four à 165 °C (325 °F) durant 40 minutes. On
peut introduire une fine lame au centre des pains ; si
elle en ressort sèche, c'est que la pâte est cuite. Sortir
du four et laisser tiédir.

Trancher les pains en biais comme on le ferait pour
une baguette à l'aide d'un couteau dentelé et poser à
plat sur la tôle de cuisson. Cuire à nouveau jusqu'à ce
qu'ils soient bien blonds. Ranger dans une boîte
hermétique.

Vraiment un biscuit à tout faire. Le mot « biscotti » vient du fait de cuire ces biscuits en deux fois (bis-cuit). On peut y ajouter les noix et les fruits secs que l'on désire, mais la noisette reste la reine des biscottis.

Le feu sacré

Il y a des cuisiniers d'eau comme de feu. Les premiers, toujours plus à l'aise dans la découpe, la marinade, le montage, se tournent naturellement, grâce à la finesse de leur lame, vers les formes, vers le spectacle. Le primaire et le cru n'ont plus de secrets pour eux. J'aime leur vitesse, leur ton franc, leur assurance, la justesse et l'économie de leurs interventions.

Puis il y a les fous des flammes, les passionnés de la lenteur. Ceux-là confient autant à leurs mains expertes qu'au hasard du feu la réussite de leurs rôts. Ils ne sont pas souvent les chefs de cuisine, mais ils sont irremplaçables. Leur art ne s'acquiert pas dans les écoles, ni même dans l'ombre de leurs maîtres. Ils ont un don, mais en artistes discrets, ils ne briguent aucune reconnaissance du public. Ils servent votre menu, sont sous vos ordres, nettoient leur place sans un mot à la fin du service et s'en vont.

Il faut aimer jouer avec le feu pour être de cette confrérie, aimer le frôler des mains, trouver une force vive au contact des flammes : c'est la rédemption par le feu sacré du fourneau que subit le rôtisseur tous les soirs. Il lui faut palper, remuer la pièce à cuire, l'aimer. Malgré les brûlures et les coupures, il doit garder une sensibilité extrême au bout des doigts pour bien « sentir » l'évolution de la cuisson. Il doit mettre sa main au feu pour trouver la vérité du cuire, faire confiance à cette horloge de l'instinct qui bat au fond de lui, celle qui lui dicte l'heure, le moment exact où le feu doit se taire.

L'un de mes vieux chefs me disait souvent : « Quand tu portes à cuire, mets-toi à la place de ce qui va cuire ». Je le trouvais merveilleux d'absurdité. La cuisine vivait dans un tumulte permanent, la folie prenait souvent d'assaut nos têtes et nos membres

débordés. Le coup de feu ! La semonce quotidienne des ventres qui attendent ! J'estimais que ces flambées surréalistes étaient des antidotes au stress continu des fourneaux. Je ne compris que bien plus tard cette demi-boutade. Quand, aux commandes de ma première cuisine, livré à tous les postes en même temps (car il faut pouvoir remplacer n'importe quel membre de l'équipe au pied levé), je pris pleinement la mesure du rôle du rôtisseur dans la brigade. Je me souviens de mes mains lourdes, difficiles à ouvrir, le lendemain, toutes endolories, entaillées par le service éprouvant de la veille. J'avais touché, tranché, retourné, j'avais dialogué avec les flammes, négocié durement avec elles, m'étais fait prendre parfois, j'étais marqué au feu.

J'appris « par cœur » les moindres recoins de mon four, je me tins autour des 200 °C (400 °F), calculant les nombreuses ouvertures de la porte qui, très rapidement, font baisser la température. Dès lors, au lieu de cuisiner toujours à plein feu comme c'est l'usage dans une cuisine professionnelle, j'ai commencé à diminuer l'intensité des flammes, à varier le feu. Il me fallait acquérir la ruse, trouver des endroits où laisser « mûrir » ma rôtisserie. Il fallait mener cette danse, ce tango des brasiers. Prendre le feu à bras le corps, le capturer comme une proie et le protéger ensuite comme le plus précieux bijou.

Puis les voyages achevèrent de m'enseigner le feu. En Inde particulièrement. Dans l'économie des moyens, les femmes de cuisine vous sortent un buffet remarquable avec une seule source de chaleur. C'est

l'empilement des plats qui les garde au chaud juste après leur confection. Quelle habileté, quelle métaphore du monde ! Tous ensemble serrés au chaud, la multitude unique, Babel de saveur qui s'édifie lentement.

En arrivant dans ce pays, une odeur de feu vous monte tout de suite dans les narines. Le bois est rare, pourtant, et très cher. Alors on brûle n'importe quoi, les ordures, les fleurs, les animaux et même les hommes. Nulle part ailleurs dans ce monde, je n'ai senti la présence du feu avec une telle vérité. On naît sous le feu, on meurt dedans. Enveloppé de couches successives qui ne sont que les traces de vies accumulées. Le feu dévore le corps, lentement (si la famille est assez riche pour acheter tout le bois nécessaire), jusqu'aux cendres qui seront ensuite déliées dans le fleuve. Si elle est pauvre, les vautours du Gange, les

dauphins d'eau douce, s'occuperont des restes. Rien ne sera perdu dans la fourmilière du Sous-continent.

Deux fois par jour donc, la femme indienne allume son feu. Le premier feu du jour donne à entendre tousser les femmes du village, c'est ce qui le réveille. Des voix rauques montent en stéréophonie, annonçant le thé et la galette de blé chaude que les membres de la famille tremperont alternativement dans le beurre clarifié puis dans le miel.

Le feu du soir, plus intense, s'entreprend vers la fin de l'après-midi. Tout petit, dans un premier temps, il sert à rissoler l'ail, le gingembre, les oignons, les piments. Quand il commence à prendre, c'est le tour des épices qui seront rôties à sec, presque torréfiées, et qui seront réservées dans le pilon. Toujours sur un feu relativement moyen, le riz sera cuit et placé sous couvercle près du feu. Les légumes bondiront ensuite dans le beurre clarifié brûlant sous un feu de plus en

plus ardent. Finalement, le pain clôturera le bal du feu et des saveurs dans une subtile cuisson en deux temps, d'abord à la poêle, puis directement sur la flamme, ce qui le fait gonfler d'air chaud et le rend léger comme un ballon, délicieusement rôti.

J'ai admiré ces femmes, elle m'ont porté à m'interroger sur la source du cuire. Ce feu autour duquel nous dansons comme des papillons autour d'une lampe, il nous brûle parfois mais nous attire inlassablement. Il fait entrer le génie dans l'aliment, nous sépare du reste de la création en transformant notre besoin quotidien en geste d'art. Ces femmes savent le feu du bout de leurs doigts, elles en maîtrisent l'économie à la perfection.

Même s'il m'en fit voir de toutes les couleurs, c'est toujours avec joie que je fais un feu aujourd'hui. Quand j'allume mon poêle, un feu de cheminée ou même un feu de camp, je me prépare à cuire par les mains d'abord. Je les passe sur les flammes, je caresse le feu. Elles se délient au soleil des fourneaux, doucement, et c'est par elles que le feu me monte, me pénètre. Une promesse caramélisée de bonheur se répand alors dans ma tête. Qu'il vienne, ce feu, me cuire encore un peu, attendrir ce corps maladroit, délier cette âme ligotée de tourments, qu'il vienne chauffer mon visage et mon cœur, qu'il vienne enfin, ce jour dernier, me souffler un ultime poème à cuire, puis me prendre dans ses bras et m'emporter à la mer. Le dernier mot, le dernier voyage est au feu.

Les recettes de base

Crème anglaise

1/2 gousse de vanille

500 ml (2 tasses) de lait

6 jaunes d'œufs

75 g (2,6 oz) de sucre

Gratter, à l'aide d'un petit couteau, la demi-gousse de vanille afin d'en ôter les graines. Les placer dans une casserole avec le lait et faire bouillir. Mettre les jaunes d'œufs dans un bol avec le sucre et fouetter vivement afin que le mélange blanchisse. Verser le lait bouillant sur les jaunes et reporter sur un feu très doux en remuant sans cesse à l'aide d'une spatule en bois. Dès que l'on perçoit un léger épaississement, retirer du feu.

Beurre blanc

(4 pers.)

2 échalotes grises finement hachées

300 ml (10 oz) de vin blanc sec

30 ml (2 c. à soupe) de vinaigre de vin blanc

125 g (4,4 oz) de beurre doux à la température ambiante

Sel de mer, poivre de Cayenne

Placer les échalotes dans une petite casserole avec le vin et le vinaigre. Réduire* presque à sec. Il doit rester 30 ml (2 c. à soupe) de liquide. En plein feu, d'une main, incorporer le beurre petit à petit, et de l'autre, tourner la casserole sur elle-même en formant de petits cercles. Le beurre prend une jolie texture en s'amalgamant doucement à la réduction. Ne plus faire bouillir. Réserver après avoir assaisonné de sel et de poivre de Cayenne afin de ne pas laisser de traces dans la sauce. On peut passer au chinois, mais je préfère apprécier la texture des échalotes sous la dent.

Accompagne le saumon, les poissons de mer et d'eau douce pochés, tous les fruits de mer et certains légumes.

Crème Chantilly

1/2 gousse de vanille

500 ml (2 tasses) de crème 35%

50 g (1,7 oz) de sucre

Glaçons

Gratter la vanille à l'aide d'un petit couteau afin d'en ôter les minuscules petites graines. Les placer dans un bol avec la crème et le sucre. Poser sur un bol plus grand rempli d'eau avec des glaçons (sorte de bain-marie inversé) et fouetter énergiquement à la main. De cette manière, on incorpore davantage d'air qu'au fouet électrique et la crème garde sa fermeté plus longtemps. Attention à ne pas sur-battre, la crème peut tourner en beurre.

Coulis de framboises

900 g (2 livres) de framboises surgelées

100 g (3,5 oz) de sucre

1 citron

Dégeler les framboises et les broyer au mélangeur avec le sucre. Ajouter le jus d'un demi-citron et passer au chinois fin.

Coulis de tomates

(4 à 6 pers.)

1 kg (2,2 livres) de tomates de saison émondées*

2 oignons hachés

4 gousses d'ail hachées

4 petites échalotes grises hachées

125 ml (1/2 tasse) d'huile d'olive

Sel de mer et poivre noir

3 brins de basilic frais

Couper les tomates en deux, retirer l'eau et les graines en les pressant au-dessus d'une passoire fine. Récupérer le jus et éliminer les graines. Couper les tomates en cubes de 2 cm de côté. Suer* les oignons, l'ail et les échalotes avec l'huile d'olive sur un feu moyen. Ajouter la tomate concassée, réduire le feu au minimum et assaisonner*. Laisser cuire 20 minutes. Retirer du feu et ajouter les feuilles de basilic ciselé* juste avant de servir, afin de conserver à la fois la couleur et le parfum très volatil de cette herbe.

Utilisé avec les pâtes, les poissons grillés, les ratatouilles de légumes, le pain rôti et frotté à l'ail.

Fond blanc

Os de veau (genou de préférence)

Quelques carcasses de volaille

Quelques légumes : oignon, carotte, céleri

Bouquet garni*

Gros sel et poivre noir entier

Placer les os dans une grande casserole et mouiller largement d'eau. Porter au feu. Dès la première ébullition, diminuer le feu et écumer afin de bien éliminer les impuretés qui remontent à la surface. Ajouter les légumes et le bouquet garni. Assaisonner de très peu de sel et de quelques grains de poivre écrasés. Cuire 5 heures à faibles bouillons et filtrer.

Très utile pour toutes les cuissons de viandes en sauce, les potages, la cuisson des légumes.

Fond d'agneau

Os d'agneau

Quelques légumes : carottes, oignons, céleri

Pâte de tomate (250 ml pour 3 litres ou 1 tasse pour 12 tasses d'eau)

Gros sel et poivre noir entier

Bouquet garni

Pratiquer la même méthode que pour le fond de veau (voir page suivante) mais sans les carcasses de volaille. Ce fond est légèrement plus tomaté que les autres.

Toutes les recettes d'agneau rôti bénéficient de ce fond.

Fond de veau

Os de veau (genou de préférence)

Quelques carcasses de volaille

Quelques légumes : carottes, oignons, céleri

Pâte de tomate (250 ml pour 5 litres ou 1 tasse pour 20 tasses d'eau)

Gros sel et poivre noir entier

Bouquet garni*

Allumer le four à 200 °C (400 °F). Placer les genoux dans une rôtissoire avec les légumes grossièrement émincés et enfourner durant 1 heure. Ajouter les carcasses de volaille et enduire les os de pâte de tomate. Cuire encore une autre heure. Sortir la rôtissoire du four et déglacer avec un peu d'eau. Placer le tout dans une grande casserole et mouiller largement d'eau. Dès la première ébullition, écumer et dégraisser. Assaisonner de très peu de sel et de quelques grains de poivre écrasés. Ajouter le bouquet garni et cuire 5 heures à faibles bouillons en écumant et dégraissant régulièrement. Filtrer. On peut ensuite encore faire réduire* le liquide pour obtenir une glace de viande.

Souvent indispensable sur les rôtis de viande, pratique pour le déglaçage de pièces de viandes poêlées, mais aussi sur certains poissons fermes et rôtis.

Fumet de gibier

Os de gibier

Quelques légumes : carottes, oignons, céleri

Bouquet garni*

Pâte de tomate (250 ml pour 5 litres ou 1 tasse pour 20 tasses d'eau)

Vin rouge

Sel de mer et poivre noir entier

Pratiquer la même méthode que pour le fond brun, mais mouillé de vin rouge coupé à moitié d'eau. Il faut, bien sûr, que les os soient toujours immergés.

À l'aise sur tous les gibiers, les terrines et les pâtés chauds.

Fumet de poisson

Arêtes de poisson

Quelques légumes : oignon, ail, céleri, poireaux

Bouquet garni

Couvrir les arêtes d'eau dans une grande casserole. Porter à ébullition et écumer dès le premier bouillon. Ajouter les légumes grossièrement émincés et le bouquet garni. Écumer et cuire durant 1 heure à faibles bouillons. Filtrer.

Pâte à pizza

(pour 4 à 6 pizzas)

2 sachets de levure sèche rapide (8 g ou 0,28 oz)
1/2 litre (2 tasses) d'eau tiède
900 g (2 livres) de farine blanche
3 ml (1/2 c. à thé) de sel
15 ml (1 c. à soupe) de sucre
125 ml (1/2 tasse) d'huile d'olive

Dans un grand bol, délayer la levure dans l'eau tiède. Ajouter la farine, le sel et le sucre. Pétrir en ajoutant l'huile d'olive peu à peu. La boule de pâte doit se décoller facilement du bol. Réserver* dans un endroit tiède (près d'un radiateur ou sur le poêle encore chaud), couvert d'un linge, et laisser «pousser» durant 1 heure.

Pâte à raviolis

454 g (1 livre) de semoule de blé dur
225 g (1/2 livre) de farine blanche
12 jaunes d'œufs
125 ml (1/2 tasse) d'huile d'olive
1 pincée de sel fin

Réunir les farines, les jaunes d'œufs, l'huile d'olive, le sel. Pétrir en ajoutant un peu d'eau froide. Lorsque la pâte se détache facilement des mains, envelopper dans un film plastique et placer au frais (2 heures minimum).

Pâte brisée

454 g (1 livre) de beurre doux froid
454 g (1 livre) de farine blanche
250 g (9 oz) de sucre
1 pincée de sel

Sortir le beurre du réfrigérateur 15 minutes avant de confectionner la pâte. Le placer, coupé en petits cubes, dans un grand bol avec la farine et le sucre. Ajouter la pincée de sel. Pétrir rapidement et séparer en quatre petits pâtons. Les emballer dans un film plastique et ranger au réfrigérateur ou au congélateur.

Réduction balsamique

1/2 litre (2 tasses) de vinaigre balsamique
5 ml (1 c. à thé) de sauce soya à teneur
    réduite en sodium

Vider une bouteille de 500 ml (2 tasses) de vinaigre balsamique dans une casserole à fond épais et porter au feu. Réduire* jusqu'à l'épaississement de la sauce en ajoutant 5 ml (1 c. à thé) de sauce soya légère à la fin de la cuisson. Attention à ne pas brûler le vinaigre qui tourne très vite au caramel si on le laisse trop réduire.

Sirop léger

1 gousse de vanille
1 litre (4 tasses) d'eau
200 g (7 oz) de sucre

Fendre la gousse de vanille. Réunir l'eau, le sucre et la gousse de vanille et porter au feu. Au premier bouillon, retirer du feu et laisser refroidir à la température de la pièce.

Merci à :

Francine Liboiron, Cécile et Jérôme, Francis Collard, Angje Ujkaj, Suzanne Giguère, Karim Waked , Martin Leclerc, Riccardo Ariano, Antonio Valente, Niki Papachristidis, Manon Vennat, Dominique et Martine Blain, Ramesh Koshla, Lalit Thapar, Ashok Khana, Pascale Boulanger, Rose, Mariane Cogez, Isabelle Lépine, Lucie Chaîné, Réal Labarre, Gérald Corriveau, Hélène Jacques et Jean Rey.

M. Brouillard et ses champignons, La poissonnerie Antoine, La boutique Les touilleurs, La boutique La maison d'Émilie, La boutique Arthur Quentin, Le super-marché PA, Les volailles et gibiers Fernando, La boucherie Chez Vito, La boutique Gérard Van Houtte (Laurier), Le café Italia, Nino : l'épicier du monde, Chez Louis : le trouveur infatigable, Maria, Philippe de Vienne, Marché Transatlantique.

Glossaire

Abaisser : en pâtisserie, amincir une pâte au rouleau.

Appareil : mélange d'ingrédients devant servir de base de recette.

Assaisonner : sel de mer et poivre noir fraîchement moulu.

Beurre clarifié : beurre fondu, débarrassé de la caséine et du petit-lait. Ce beurre est appelé « ghee » en Inde.

Beurre noisette : beurre fondu mousseux dont la caséine et le petit-lait commencent à colorer sous la chaleur.

Blanchir : plonger dans l'eau bouillante et retirer immédiatement après la reprise du bouillon.

Bouquet garni : thym, laurier, queues de persil.

Braiser : cuire au four à couvert dans très peu de liquide.

Brunoise : découpe en cubes d'un demi-centimètre de côté.

Cercle à foncer : moule tubulaire en inoxydable.

Chemiser : graisser un moule et l'enduire de farine ou de sucre pour faciliter le démoulage.

Ciseler : trancher dans le sens de la longueur les herbes et les laitues afin de réaliser une chiffonnade.

Colorer : cuire à feu vif.

Débarrasser : placer une préparation en attente, au frais généralement.

Déglacer : rincer le récipient de cuisson avec un liquide afin d'en récupérer les sucs.

Dégorger les légumes : les assaisonner de sel afin d'en retirer l'eau de végétation.

Dégorger une viande : tremper dans l'eau froide salée afin d'éliminer toutes les traces de sang.

Détendre (sauces) : liquéfier à l'aide d'un liquide parfumé.

Duxelles : découpe en très petits cubes, plus fins que la brunoise.

Ébarber (les coquillages) : retirer après cuisson les muscles gênant la dégustation des coquillages.

Émonder : enlever la peau des fruits et légumes en trempant rapidement et successivement dans l'eau bouillante puis glacée.

Étuver : cuire à couvert jusqu'à évaporation complète.

Foncer : garnir un fond de tarte avec une pâte.

Frémir : cuire à très faibles bouillons.

Julienne : fins bâtonnets.

Masquer : recouvrir.

Mirepoix : légumes grossièrement hachés.

Monter (sauces) : mettre du beurre frais dans une sauce réduite avant de servir en remuant la casserole sur elle-même.

Mouiller : couvrir de liquide.

Panure à l'anglaise : placer successivement dans de la farine, des blancs d'œufs et de la chapelure.

Parer : débarrasser les aliments de leurs parties non comestibles.

Parures : restes, rognures.

Puncher : mouiller un support, fond de gâteau, biscuit, avec un liquide parfumé.

Rafraîchir : plonger dans l'eau glacée.

Réduire : faire bouillir faiblement un liquide pour le concentrer.

Réserver : mettre à l'écart, à la température de la pièce, en gardant à la portée de la main.

Rognure de feuilletage : chutes de pâte utile pour les fonds de tartes.

Rondeau : casserole large aux rebords peu profonds.

Sauteuse : casserole légèrement évasée.

Sauter : cuire à feu vif jusqu'à coloration.

Suer : rendre l'eau des légumes sur un feu moyen sans couvercle.

Tirer : laisser reposer une préparation pour renforcer l'échange des saveurs.

Tourner : donner aux légumes une forme régulière, débarrasser à cru les feuilles d'artichauts.